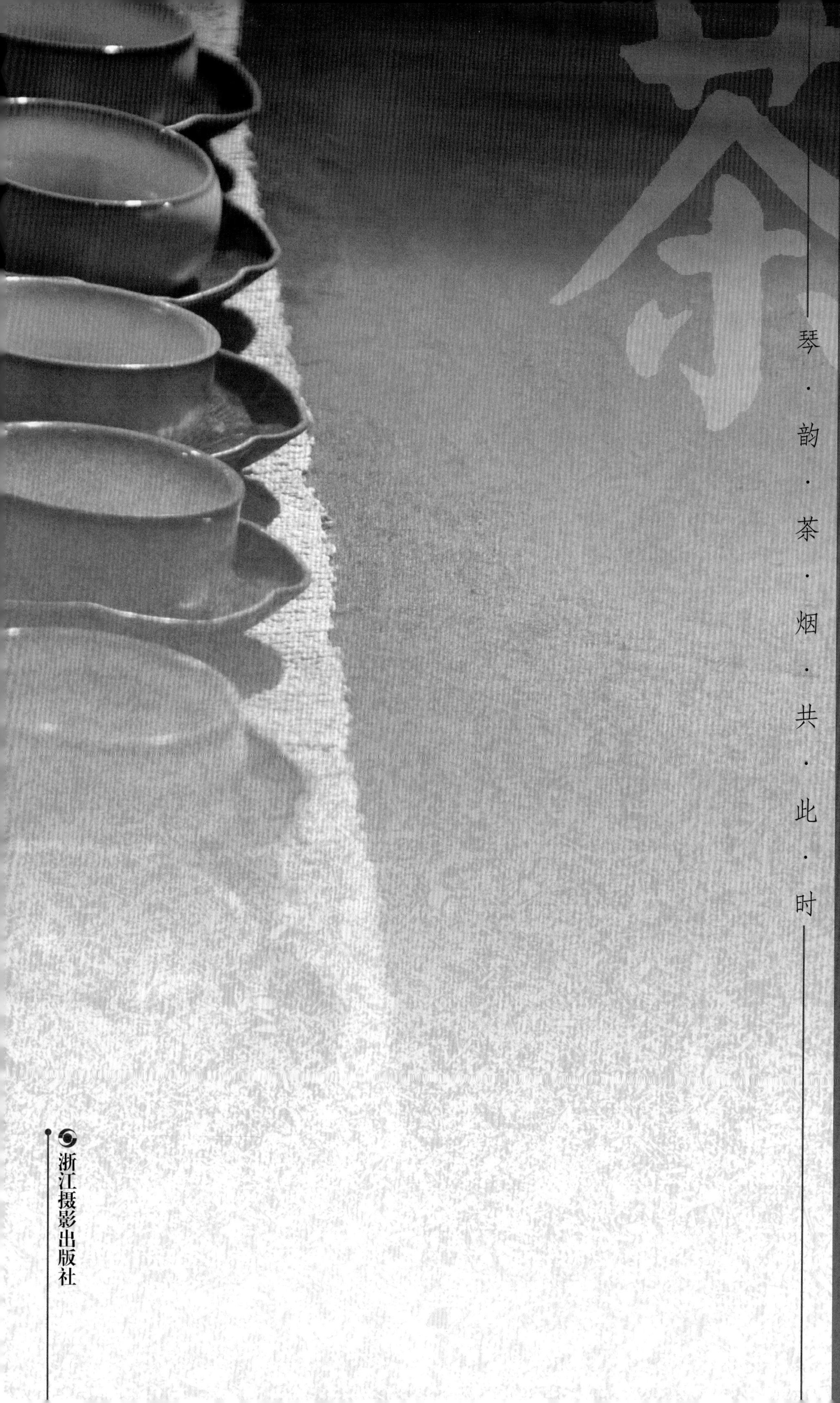

中国茶艺图解

琴·韵·茶·烟·共·此·时

周文劲 乐素娜 著

浙江摄影出版社

目 录

第一章

茶艺是一种生活艺术

茶艺是一种生活艺术

有人说茶艺是中国文化中最具亲和力的部分。无论是过去还是现在，茶艺像一朵山花，开在人们心灵的窗台上，优雅而芬芳。

20世纪80年代以来，茶艺这门古老的生活艺术一下子热闹起来了，成为休闲时尚之一。为提高自身的精神生活品质，许多人挤出时间来研习茶艺，乐此不疲。

追求美妙的人生、美满的家庭、美丽的世界，就从茶艺开始吧。

一、“茶艺”界说

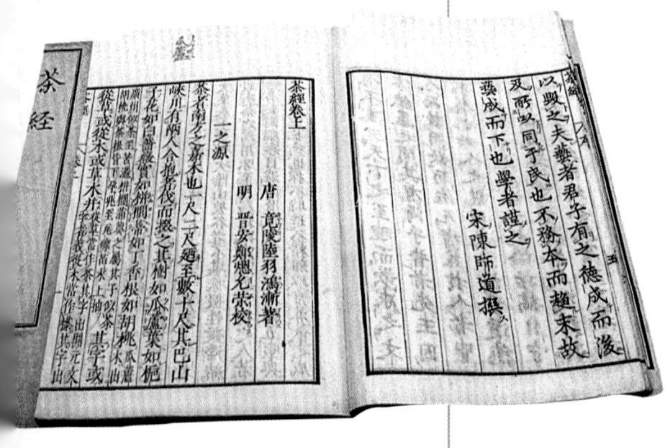

唐·陆羽的《茶经》

虽然“茶艺”一词直到20世纪70年代之后才盛行于世，但早在唐代陆羽的《茶经》、宋代蔡襄的《茶录》、宋徽宗赵佶的《大观茶论》、明代朱权的《茶谱》、许次纾的《茶疏》、张源的《茶录》等古代茶书中，就有了与茶艺相关的记载。可见，中华茶艺源远流长。

对于“茶艺”的定义，海内外学者见仁见智，归纳起来不外乎广义和狭义两种。广义的“茶艺”即“茶之艺”，主张茶艺包括茶的栽培、制造、品饮的方法。更有甚者，将之扩展成为与茶文化乃至与茶学领域同义。狭义的“茶艺”，是指在茶道精神指导下的茶事实践，是一门生活的艺术。具体地说，就是研究如何泡好一杯茶的技艺和如何享受一杯茶的艺术。20世纪80年代以来，流行于海峡两岸并深受海外茶文化爱好者喜爱的茶艺表演，即是对“茶艺”狭义理解的产物。

中国是茶艺的发源地。中华茶艺是中华民族在各个历史时期发明创造的具有

落英缤纷，茶香氤氲。

民族特色的饮茶艺术，主要包括了艺茶的技能和品茗的艺术。其中艺茶的技能包括了备具、择水、候汤、习茶等技艺；品茗的艺术包括了品茗的环境、心境等。

茶艺人员的仪容仪态、奉茶礼节以及主客的品茗情趣等，构成了中华茶艺的六大要素，即人、茶、水、器、境、艺。

中华茶艺是人文的，也是艺术的，它是一门综合性艺术，与文学、绘画、书法、音乐、陶瓷、服饰、插花、建筑相结合，构成茶艺文化，是中华茶文化的重要组成部分。

二、茶艺由来

在很长的一段历史时期内，我国史书并无茶艺表演的记载。追本溯源，从茶道萌芽时期的晋代开始至茶道大行的唐代，尚无专门的茶艺表演，但唐代因陆羽善于烹茶而被太守请去试茗的场景，与现在的茶艺表演却有相似之处。宋代兴起斗茶，卖茶水的人相互比试高低，乃至“运匕成象”，被人称为“茶百戏”。可想而知，观看的人肯定不在少数，既能称“戏”，自然是一种表演了。

现代的茶艺表演与宋代的“茶百戏”无论形式、内容均有所不同。现代茶艺表演的兴起是近20年的事情，兴起的客观原因大致可分为以下三点：

一是中国改革开放，提高了综合国力以及人们的物质生活水平。在国运兴盛的年代，人们丰衣足食，对精神文化生活的需求也日益提升。

二是“台”风东来、南风北渐的茶艺馆现象，促成了茶艺表演的兴盛。从20世纪70年代开始，随着台湾茶艺馆、粤式早茶的兴起，杭州、福建等地出现大量

日本茶道

日本茶画

茶艺馆，90年代后呈燎原之势。这些茶艺馆格调独特、氛围宜人，与现代人追求的精神生活相契合，人们对茶艺的追求面迅速扩大，茶艺爱好者日益增多。

三是日本茶道成为东南亚文化圈中一种独特的文化现象。日本茶道源自中国，并融合了岛国文化的特征，它作为独特的文化现象一直被世界各国所关注。学习茶道以陶冶情操，提高文化修养，融合人际关系，已成为人们的共识。

在上述因素的综合推动下，人们希望更多地了解茶艺。观看茶艺表演的过程也是学习茶艺的过程，促进了茶艺表演的发展。

三、茶艺分类

中华茶艺百花齐放，不拘一格。综观各种茶艺，大体可分为三大类：

民俗茶艺：取材于特定的民风、民俗。以茶为主体，以反映民俗文化为内容，以当地饮茶习惯为基础，经过艺术化的提炼与加工，形成富有民俗特色的茶

藏族酥油茶表演

仿宋代点茶表演

禅茶表演

艺表演。如藏族酥油茶、白族三道茶、四川盖碗茶等。

仿古茶艺：取材于史料及出土文物，进行艺术再现，大致反映各历史时期的饮茶风貌。如唐代宫廷茶宴、宋代点茶表演、清代宫廷茶艺表演等。

其他茶艺：取材于以茶为载体的特定的文化内容，经过艺术化的提炼与加工，反映特定的文化内涵。如禅茶表演、新娘茶等。

人之美

四、茶艺“六美”

人、茶、水、器、境、艺是茶艺的六要素。完美的茶艺表演过程需要六大要素和谐俱美，相得益彰。

人之美

人是茶艺最根本的要素。在茶艺表演过程中，人之美主要表现在两个方面：一是作为自然人所表现出来的外在的仪表美；二是作为社会人所表现出来的内在的心灵美。

仪表美是指艺茶者的容貌、形体、服饰、发型等综合的美。

茶艺更注重人的气质。细节决定成败，故茶艺表演人员应注意修饰风度仪表。如女性淡妆是对个人的尊重，浓妆艳抹则有失人之谦和。

除了注重容貌之外，还须注意形体美的训练。俗话说“坐有坐相”，茶艺表演过程中，坐姿、站姿、动作、步态根据不同的茶艺内容都有相应的规定。

得体的表演服装能有效地衬托茶艺主体，使观众集中注意力，尽快地进入特定的饮茶氛围，理解并认同茶艺。表演服装的式样、款式应与所表演的主题相符合。服装应得体，衣着端庄大方，符合审美的要求。如白族三道茶表演宜选用具有白族特色的服装，禅茶表演则以禅衣为佳等。

发型美也是茶艺人员仪表美中不可或缺的重要因素。个性化的发型不适宜传统的茶艺内容。如在文士茶表演中，茶艺人员可以盘发髻，配发饰，表现出江南女子温婉的性情，给人留下美好的印象。

天生丽质固然是人之美不可多得的因素，但较高的文化素养、得体的举止、自信的技艺、天然的灵气、优雅的风度、规范的艺术语言，以及积极健康的生活态度，也是构成人之美的重要因素。

茶之美

茶之美

茶被称为“嘉木”、“瑞草”，人们总喜欢给各种茶冠以清丽雅致的芳名。或以地名来命名，如西湖龙井、安溪铁观音；或以地名加茶叶外形来命名，如君山银针、平水珠茶、六安瓜片；或以相关的美丽传说来命名，如大红袍、绿牡丹、金骏眉、太平猴魁等。人们对一种茶的认识往往是从茶名开始的，好的茶名让人一听难忘。

水之美

不仅仅是茶的芳名，茶的外形也给人以美的享受，或扁平光滑，或挺秀显毫，或浑圆紧结，细如针，弯似眉，状成朵，可谓妩媚多姿，美不胜收。

茶叶色泽之美，不仅是评定茶品优劣的重要指标，而且还令人赏心悦目。中国有六大茶类，绿如翠玉，红似骄阳，白胜瑞雪；黄茶叶黄汤亮，乌龙茶绿叶红镶边，黑茶棕红黑褐，变化神奇。茶在山中是一色，而干茶、汤色、叶底却五彩缤纷，配以各色茶盏，给人以美的遐思。

自古茶之香、味都是文人吟咏

的对象。龙井茶香清幽淡雅、铁观音香高持久、茉莉花茶鲜灵沁脾，难怪宋代大文豪苏东坡用遍体生香的美人来喻茶；范仲淹则以“斗茶香兮薄兰芷”的诗句来赞美。茶有百味，茶汤的滋味不仅与品茶人的味觉有关，与饮者的心境亦不无关系。“无味之味乃至味”，品茶至此境界可谓品出了人生的禅意。

水之美

“水为茶之母”。水发茶性，水之于茶前人早有精辟的论述：“八分之茶，遇十分之水，茶亦十分矣；八分之水，试十分之茶，茶只八分耳。”（张大复《梅花草堂笔谈》）好水是有标准的，早在唐代，茶圣陆羽就在《茶经》中对宜茶之水做了明确的规定：“山水上，江水中，井水下。”宋徽宗在《大观茶论》中提出了宜茶之水的标准：“水以清轻甘洁为美，轻甘乃水之自然，独为难得。”至于“敲冰煮茗”、“扫雪煎茶”、“汲泉烹茶”，都是古代文人雅士善于择水的佳例。《茶经》中，陆羽不仅将天下泉水分出个三六九等，还在《茶经·五之煮》中对烧水用火作了评述：“其火用炭，次用劲薪。”并用“鱼目”、“涌泉连珠”、“腾波鼓浪”形容沸水的三个阶段，以此来说明泡茶需掌握的水温。

器之美

现代茶艺选用方便、洁净的矿泉水和再加工水，如自来水、纯净水等。一般选用自来水需设法除去氯气，选用矿泉水需是含钙、镁离子少的软水。

器之美

“器为茶之父”。陆羽在《茶经》中设计了一套茶具计二十四种，南宋审安老人《茶具图赞》中列十二种。明屠隆《考盘余事》中列二十七种。《茶经》云：“城邑之中，王公之门，二十四器阙一，则茶废矣。”可见时人对茶具的重视程度。

自古至今，中国的茶具琳琅满目，美不胜收。茶艺过程中涉及的茶具主要是指饮茶用具。按其质地分，可分为陶器、瓷器、玻璃、金属、漆器、竹木器等。当饮茶成为人们精神生活的一部分时，茶具早已不只是盛放茶汤的容器，而是一种具有审美价值的艺术品，凝结了人类的智慧，融入了人们的审美情趣，成为一种融造型艺术、文学、书法、绘画为一体的综合性艺术品。

精美的茶具不仅造型质朴自然，质地纯正，而且装饰古雅，内涵隽永，富有神韵。当然，茶具之美主要的还在于它的实用性，因茶制宜，衬托茶之汤色，保持浓郁茶香，方便人们品饮。

境之美

随着茶文化的不断发展，茶具也日益精美典雅，并逐渐发展成为茶文化中独具风采的组成部分。

境之美

自古茶艺讲究境之美。这里所说的“境”，包括品茗时的现实环境以及优美环境在人心中产生的意境。对于品茗的环境，中国茶艺讲究幽雅清寂：“人闲桂花落”，“东篱菊也黄”，“明月松间照，清泉石上流”，“曲径通幽处”，“坐看云起时”，无不表露出渴望回归自然的平易闲适的心境。在这样的环境中品茗，人与自然在精神上相互沟通，情融于境，情景交融，达到平静心态、陶冶情操的目的。

品茗环境的选择与布置是茶艺成功与否的重要环节。茶艺环境应无嘈杂之声，干净、清洁、窗明几净；室外也须选择洁净安谧、令人气爽神清之佳处。

茶同通艺。茶艺过程中常用琴、棋、书、画、诗、金石古玩等六艺来相伴助茶。其中以音乐、字画与茶艺结合得最为密切。中国古典民乐或幽婉深邃、韵味悠长，或轻灵欢快，宜情悦性，与茶艺相得益彰。近现代曲作家还专门为品茗谱曲作乐，涌现了一批宜茶的音乐，供不同的品茗环境选择。名家字画、金石古玩、花木盆景也为营造高雅的品茗环境起到了画龙点睛的作用。

艺之美

艺之美

茶艺是一种茶艺的技能和品茗的艺术。既是技能，就要体现操作过程的娴熟与完美。茶艺是一门生活的艺术，首先应体现实用之美。茶艺的过程不能为了让人眼花缭乱而故弄玄虚，应是一种行云流水般的、合乎自然的美的享受。在茶艺的编排上，以宜茶为主旨，泡出一壶最可口的茶才是最终目的。因此，在茶艺表演中要选择合适的茶、适宜的茶具、水品，保持洁净、卫生，科学地掌握冲泡时间、茶水比例。

茶艺之美贯穿着中国传统美学思想。要求茶艺表演人员身心俱静，体态庄重，神情专注，动作舒展，流转圆活，气韵生动。

五、茶艺礼仪

中国是文明古国、礼仪之邦，素有客来敬茶的习俗。茶是礼仪的使者。在种种茶艺里，均有礼仪的规范。如文士茶就有文士礼茶的仪式；禅茶中有敬茶（奉茶）之后，僧侣向客人致敬的礼仪；台湾乌龙茶中，有主人在客人光临时的迎客礼，感谢观看茶艺的礼，敬茶后向客人鞠躬致意的礼等。中国茶艺中不仅有主人对客人的礼仪，客人对客人的礼仪，还有人对器物的礼仪。

敬茶

在行礼时，行礼者应该怀着对对方的真诚敬意行礼。行礼应保持适度、谦和，是从内心深处发出的敬意。须留意眼睛的视角，动作的柔和、连贯、幅度等。

珍贵的茶叶，来之不易的洁净水，名家制作的茶具等，均是他人劳动创造的成果，是人类智慧的结晶。对器物的尊敬，也就是对创造、制作这些人的尊敬。

六、茶艺表演应注意的问题

随着人们对精神生活的追求日益提升，茶艺受到越来越多人的喜爱。我国已将茶艺师列为工种之一，各地开展茶艺培训工作十分火热，茶艺表演不断推陈出新。然而，茶艺表演中也存在着一些问题，需要引起我们的重视。

1. 重形式，轻理论。一些茶艺人员在茶艺培训中，只注重学习动作过程，学会了表面的、形式的东西，但对于茶艺表演中的动作、程式，只知其然不知其所以然，这是提高茶艺表演水平的一个障碍。习茶者要使自己的茶艺表演水准不断提高，应认真学习茶文化理论知识，领悟精神，精益求精。

2. 重表演，轻内涵。将茶艺仅仅看做是一种表演，一味地追求表演的程式，认为茶艺越复杂、越玄虚，越能糊弄人。其实茶艺是一门生活化的艺术，质朴自然的东西才能最终打动人，并长期影响人们的精神生活。

3. 重道具，轻茶汤。在茶艺的研发中，往往十分注重道具的精美。茶器具固然重要，但茶艺的目的是泡一杯可口的茶。所谓“己所不欲，勿施于人”，有的表演者自己都不愿意喝自己制作的茶汤，请观众品尝，还有什么诚意可言呢？

4. 重回报，轻付出。有的茶艺人员将每次表演视作机械的重复劳动，而产生敷衍了事的情绪。行礼时咄咄逼人，仿佛我向你行礼，你就应该向我还礼，使受礼人内心不安。要使茶艺成为提高生活品质的手段，就应该把每次的表演视作人生唯一的一次，视作一次艺术的创造活动。

第二章

从来佳茗似佳人·西湖茶礼

从来佳茗似佳人
——西湖茶礼

欲把西湖比西子，从来佳茗似佳人

西湖茶事的记载最早见于唐代茶圣陆羽《茶经·八之出》中，书云："钱塘生天竺、灵隐二寺。"

龙井，既是茶名，亦是茶树品种名，还是地名、寺名、泉名可谓"五名合一"。北宋时，龙井茶区已初步形成规模。当时下天竺香林洞的香林茶、上天竺白云峰产的白云茶和钱塘宝云庵产的宝云茶已被列为贡品。明代冯梦桢在《龙井寺复先朝赐田记》中写道："武林之龙井有二，旧龙井在风篁岭之西，泉石

龙井茶园

幽奇，迥绝人境，盖辩才老人退院。所劈山顶，产茶特佳。相传盛时曾居千众。少游、东坡先后访辩才于此。”北宋高僧辩才所居旧龙井即胡公庙老龙井。其地产茶当为狮峰龙井茶之渊源。

南宋定都临安（杭州），茶叶生产有了进一步的发展。

元代始，龙井茶传名于市。是时僧人、居士看中龙井一带风光幽静，茶香泉幽，纷纷结伴前来饮茶赏景。元代虞集的《次郑文原龙井韵》是最早记述品饮龙井茶的诗篇：“徘徊龙井上，云气起晴昼。澄公爱客至，取水挹宝幽。坐我薝卜中，馀香不闻嗅。但见瓢中清，翠影落群岫。烹煎黄金芽，不取谷雨后。同不二三子，三咽不忍嗽。”

明代，龙井茶被列入名茶行列，成为商品，名传四方。明代茶人屠隆盛赞龙井茶，著有《龙井茶歌》：“令人对此清心魂，一漱如饮甘露液……摘来片片通灵窍，啜处泠泠馨齿牙。”

至清代，龙井茶区遍布西湖群山，品质备受帝王青睐。乾隆六下江南，四次在龙井茶区观采茶，品龙井，作茶歌，成为史传佳话，龙井茶声名跃居全国名茶前列。

民国时期，龙井茶一度成为全国名茶之冠，被誉为“绿茶皇后”。

千余年来，龙井茶从无名到有名，从杭州佛寺僧家清饮之物到帝王将相的贡品，直至新中国成立后成为我国主要的外交用茶，以其独特的亲和力，成为政治、经济、文化的结合体。这正是茶文化魅力的杰出代表。

龙井茶、虎跑泉
——西湖双绝

自古以来，龙井茶区的百姓不仅会栽茶、制茶，更会鉴茶、品茶。杭州人对喝茶用水分外讲究，西湖龙井茶是一定要用虎跑泉来冲泡的。用虎跑泉泡茶，汤色清

十八棵御茶

龙井

龙井茶园

澈明亮，还能诱发茶香，提高茶叶内含物质的浸出率，世人称之为“龙虎饮”，又称“西湖双绝”。

西湖茶礼表演

西湖茶礼表演是由中国茶叶博物馆茶艺研创人员根据杭人饮茶习俗，结合杭州地域文化设计编排的。1992年在第一届国际西湖茶会上首次推出面世。

龙井茶园采茶时节

虎跑泉水

西湖茶礼选用西湖龙井春茶，配以虎跑泉水冲泡，将西湖山水之精华融于一壶，在茶艺表演过程中诠释温婉、优雅的东方情调。

西湖龙井干茶

茶品　西湖龙井茶素以色绿、香郁、味甘、形美“四绝”著称于世。历史上按产地不同有狮（狮峰）、龙（龙井）、云（云栖）、虎（虎跑）、梅（梅家坞）五个品牌，狮峰龙井外形光、扁、平、滑，形似雀舌，香气高锐持久，滋味鲜醇，色泽油润，嫩绿中略带糙米黄，品质最佳。

水品　陆羽《茶经》有云：“烹茶于所产处无不佳，盖水土之宜也。”西湖泉水众多，有玉泉、龙井泉、虎跑泉等，水质以虎跑泉最佳。虎跑泉素有“天下第三泉”的美称。此水从难溶于水的石英砂岩渗透出来，矿物质不多，混浊度低，水质无菌，水色清澈晶莹，滋味甘冽醇厚。此外，虎跑泉还有一个特点，就是水的密度高，表面张力大。

虎跑泉

茶具　龙井茶属于名优绿茶，芽叶细嫩，不宜用沸水和保湿性好的茶具冲泡。又由于冲泡后的龙井茶芽叶完整成朵，上下沉浮，观赏性好，因此，冲泡龙井茶宜选用晶莹剔透的无色透明玻璃杯。

品饮虎跑泉选用釉色温润的越窑青瓷水器，更能表现虎跑泉水清轻甘冽的独特品性。

服饰　宜选用杭产丝绸缝制成的素雅旗袍，盘发髻。

音乐　《月落西子湖》。琵琶清远，笛声悠扬，扬琴如密雨飞渡，袅袅茶烟，轻轻融入西湖山色烟雨间……

环境　环境布置清雅，文人书画古雅，插花风格简雅。

礼仪　表现江南女子的娴雅与知书达理。

程序

◆茶艺用具

优质龙井茶、瓶花、贮茶罐一只、赏茶盘一只、储水壶一只、玻璃杯三只、竹茶托三只、铜茶壶一把、茶匙一枚、茶匙托架一个、茶巾碟一只、水盂一只、品泉杯（带托）三只、试泉杯一只、镍币碟一只、茶巾一块、托盘两个，镍币若干枚。

◆附件

虎跑泉一瓶、热水瓶一把；屏风一堂、表演桌凳一套。

行礼。（音乐起，解说员致欢迎词，并根据程序解说茶艺过程。）主、副泡一起从后场走出，面对来宾同时行礼。

◆备具

主泡入座。副泡返回后场，取第一托茶具（瓶花、贮茶罐、储水壶、茶匙、茶匙托架、茶巾、茶巾碟）。

副泡把第一托茶具置于茶桌上，轻移至主泡面前。

主泡把茶具依次放在桌上，同时副泡回到后场拿第二托茶具（水盂、赏茶盘）。

主泡把空托盘移到桌右角。

副泡将第二托茶具置于主泡面前，然后把空盘取回。

◆赏茶

主泡把水盂放在表演桌的左边，从贮茶罐取出茶叶放入赏茶盘中，移到桌右角。副泡拿出第三托茶具（三只品泉杯）置于主泡面前，并把茶品送至来宾茶几上，敬请观赏干茶。

◆品泉

主泡将储水壶中的泉水注入品泉杯后，把茶托移到桌右角。副泡拿出第四托茶具（试泉杯、镍币碟）置于主泡前面，然后把泉水分别送给三位主宾品尝。

◆试泉

主泡演示试泉。

由主泡先演示试泉，然后副泡拿出第五托茶具（三只玻璃杯、一把茶壶）置于主泡桌前，并把试泉杯、镍币碟、储水壶送到主宾前，让宾客按主泡演示进行试泉。

◆涤器

主泡将玻璃杯洗净。

◆投茶

用茶匙从贮茶罐中取茶，在三个玻璃杯内依次放入2.5克左右的茶叶。

◆冲泡

①浸润泡，使芽叶舒展。

②采用“凤凰三点头”法冲泡，水壶倾提反复三次，连绵的水流使芽叶在杯

中上下翻腾，以使茶汤均匀，又恰如向来宾三鞠躬，表示对来宾的尊敬和友好。

◆**敬茶**

副泡把空托盘置于主泡面前，主泡将茶杯放入托盘，起身，两人一起给来宾敬茶，双手奉茶，并伸右手表示“请用茶”。

◆**收具**

主泡回到表演桌前坐下收具，副泡将茶具收回后场。

◆**行礼**

主、副泡归位行礼，退场。

◆**表演图释**

一、行礼

音乐起，解说员致欢迎词，并根据程序解说茶艺过程。主、副泡一起从后场走出，面对来宾同时行礼。

二、备具

副泡返回后场，取第一托茶具（贮茶罐、储水壶、茶匙、茶匙托架、茶巾、茶巾碟）。

副泡把第一托茶具置于茶桌上，轻移至主泡面前。

主泡把贮茶罐置于茶桌左侧。

主泡把贮水壶置于茶桌右侧。

主泡把茶匙、茶匙架放置于茶桌正前方，贮茶罐、储水壶、茶匙、茶匙架呈一直线。

主泡把茶巾及茶巾碟放于茶桌正方内侧。

主泡把空托盘移到桌右角。

副泡将第二托茶具置于主泡面前，然后把空盘取回。

三、赏茶

主泡把水盂放在表演桌的左边。

将赏茶碟移至托盘中心位置。

主泡双手取贮茶罐。

右手打开罐盖。

用茶匙取适量茶样。

从贮茶罐中取出茶叶置入赏茶盘中，移到桌右角。

副泡拿出第三托茶具（三只品泉杯）置于主泡面前。

副泡把干茶送至来宾面前，敬请观赏。

四、品泉

主泡将储水壶中的泉水注入品泉杯后，把茶托移到桌右角。

副泡拿出第四托茶具（试泉杯、镍币碟）置于主泡前面。

副泡把泉水分别送给三位主宾品尝。

五、试泉

主泡演示试泉。冲泉入杯，泉水拱出杯沿2至3毫米，水不外溢。

取干燥镍币从杯沿推入杯中。镍币漂浮于水面而不下沉。

副泡拿出第五托茶具（三只玻璃杯、一把茶壶）置于主泡桌前。

把试泉杯、镍币碟、储水壶送到主宾前，让宾客试泉。

六、涤器

用开水洁净茶具，也起到温杯的作用。

取水壶从左至右往杯中依次注入适量水。

手扶茶杯，顺时针摇转三圈，洁净茶杯，将废水倒入水盂。

七、投茶

取贮茶罐，揭盖，将盖置于托盘内茶巾上。

用茶匙从贮茶罐中取茶，在玻璃杯内依次放入2.5克左右的茶叶。

八、冲泡

使芽叶舒展。冲入适量水，以浸没茶叶为宜，浸润泡。

采用“凤凰三点头”法冲泡，水壶倾提反复三次，连绵的水流使芽叶在杯中上下翻腾，以使茶汤均匀，又恰如向来宾三鞠躬，表示对来宾的尊敬和友好。

九、敬茶

副泡把空托盘置于主泡面前，主泡将茶杯放入托盘。

两人一起给来宾敬茶，双手奉茶，并伸右手表示“请用茶”。

十、收具

主泡归位，依次收具，副泡将茶具收回。

十一、行礼

主、副泡归位行礼，退场。

第三章

此物清高世莫知·文士茶

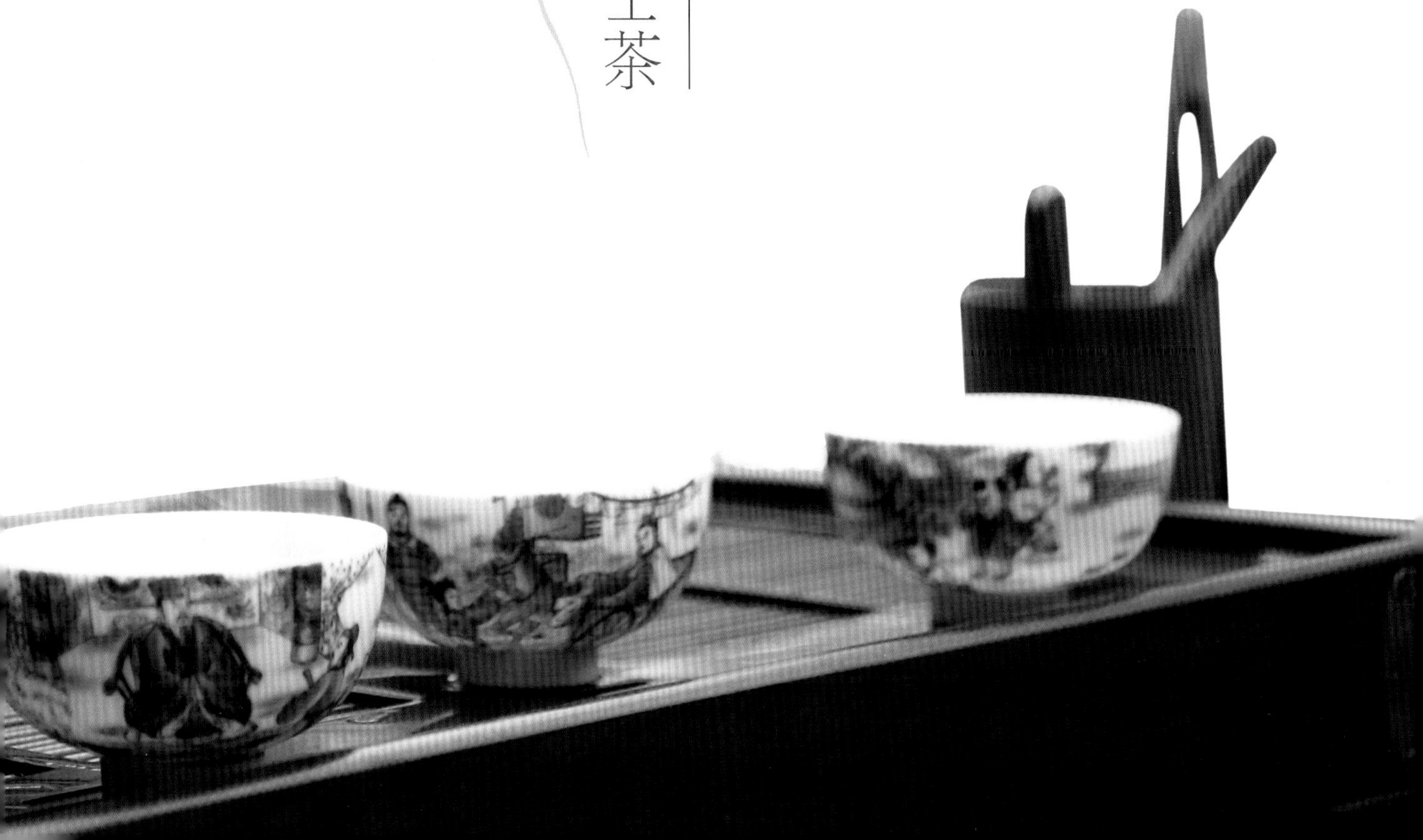

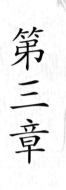

此物清高世莫知
——文士茶

文士与茶

中国古代文士和茶有着不解之缘，以茶雅志，以茶陶情，以茶立德。可以说没有文人的介入，便没有中国茶道。文士茶即是文人雅士品茗的艺术。

茶兴于唐，古都长安荟萃了大唐文人雅士和茶界名流。诗人如李白、杜甫、白居易，画家如吴道子、王维，书法家如颜真卿、柳公权，音乐家如白明达、李龟年等，他们以茶会友，品茶吟诗论道。从《全唐诗》载入的一百五十余位诗人、六百余首茶诗可以窥见唐时文人茶事之兴盛。而宋时文人参与斗茶，更将茶事活动推向了极致。

清·青花诗文茶具（组套）

明清士人科举仕途大多充满挫折，怀才不遇的士人不得不寄情于山水或移情于琴、棋、书、画，衍生出“闲隐”的生活理念。茶成了士人们经营美学生活的重要载体，开创了文士茶的新局面。

文士茶亦称“雅士茶”。文人饮茶对人品、茶品、茶具、用水、火候、环境都有着特殊的要求。品饮时注重意境，茶具精巧雅致，表现形式多样，气氛轻松。文士茶艺常与清谈、赏花、玩月、抚琴、吟诗、联句、鉴赏古董字画相结合，内涵厚重。推崇“境幽、器雅、人淡、茶清、神闲、意远”，体现师法自然、天人合一的哲学思想。

清·《九日行庵文宴图》

沏茗之雅

文士茶表演

文士茶表演始于20世纪90年代初，由研创人员以史料记载为基础，取材自朱熹故里——江西婺源的饮茶习俗，并依据文人雅士的文化标准和饮茶习惯改编而成，展现19世纪末20世纪初江南一带人杰地灵、茶风恬淡的精神风尚。

茶品 茉莉花茶。我国茉莉花茶主要产于福建、江苏、安徽、四川、台湾等地，尤以福建花茶产量最高，品质最优。

福建茉莉花茶产于福建省福州市及闽东北地区。系用优质烘青绿茶，加茉莉花熏制而成。早在16世纪就有制作福建茉莉花茶的记载。其外形秀美，毫峰显露，香气浓郁，鲜灵持久。泡饮鲜醇爽口，汤色黄绿明亮，叶底匀嫩晶绿，经久耐泡。

水品 文人雅士“敲冰煮茗”、“扫雪烹茶”的佳话千古流传。现代人冲泡文士茶效法古人亦无不可，但要选用无污染的洁净水源。

茉莉花茶

茶具　选用清雅的青花系列盖碗、茶叶罐、茶壶、茶荷等。

服饰　罗裙、玉镯。

音乐　江南丝竹《紫藤幽境》。

环境　幽雅。山清水秀之处，庭院深深之所，清风明月之时，雪落红梅之日，都是文人雅士静心品茗的佳时佳境。文人品茶更多的是在内心深处寻求一片静谧。

礼仪　雅。表演者着罗裙款步上台，温文尔雅，端庄娴熟，似旧时江南女子，富有灵性而温婉大方。

程序

◆茶艺用具

水盂一只、香炉一只、檀香一根、火柴一盒、茶碟两只、茶巾两块、茶荷一枚、茶匙一只、贮茶罐一只、盖碗五套、洗手钵一只、托盘三个、茶壶一把。

◆附件

热水瓶一把、音乐磁带（光盘）。

表演用具

◆场地布置

表演桌一张、屏风一堂。

◆行礼

随着音乐响起，三位表演者依次碎步入场，站定，向来宾行礼。

◆备具

主泡用左手示意左副泡取茶具（水盂）。左副泡取水盂与右副泡一起走到表演桌前，由右副泡把水盂放在茶桌前沿的中间，然后两人同时从两侧退回。

右副泡退场取第二托茶具（香炉、檀香、火柴），左副泡双手端香炉置于水盂前，檀香、火柴放在香炉左侧，二人同时从两侧退场。

左右副泡手托第三托茶具（贮茶罐、茶荷、茶匙、茶碟两只、茶巾）同时上场，走至表演桌两侧放下茶具，站定后，由主泡分别放置茶具，完毕后主泡示意左右副泡取托盘退场。

左副泡在托盘中放入三套盖碗，右副泡在托盘中放入两套盖碗，然后两人手托茶具，同时从两侧上场，走到表演台两边放下茶具，主泡将盖碗呈五点形布置于桌面，出具完毕后示意右副泡退场取茶具（净手盆、茶巾）。

◆净手

右副泡手托洗手钵、茶巾走至主泡旁侧，与主泡一起走至表演桌前，主泡净手。

◆焚香

左副泡把一支香递给主泡，主泡点香、敬香，回表演桌前。

◆赏茶

主泡用茶匙从贮茶罐中取茶，再把茶荷中的茶叶置于赏茶盘中，由左右副泡端茶送给来宾观赏后拿回，放在茶桌的左上方。

◆涤器

主泡提起茶壶，分别向五个盖碗注水，涤器。然后再用茶巾擦净碗盖。

◆置茶

主泡取茶，投放于五个茶碗中。

◆浸润泡

采用低酌法冲水至碗中，达三分之一，用以浸润茶叶，蕴香。

◆冲泡

主泡对两边的四杯茶采用“凤凰三点头”法冲泡，以示对来宾的敬意；中间一杯茶采用“高山流水”法冲泡，边冲泡边加盖。

◆奉茶

主泡将左边两杯茶置于左托盘中，示意左右副泡敬茶。敬茶后左右副泡归位。主泡再把右边两杯茶放入托盘中，示意左右副泡敬茶。敬茶后左右副泡归位。

主泡取中间一杯茶，用目光示意，向来宾敬茶。示范揭盖、闻香、刮沫、品饮。

◆收具

左右副泡将茶具依次收回。

◆行礼谢客

依次从左边退场。

◆表演图释

一、行礼

随着音乐响起，三位表演者依次碎步入场，站定，向来宾行礼。

二、备具

主泡用左手示意左副泡取茶具（水盂）。

左副泡取水盂与右副泡一起走到表演桌前，由右副泡把水盂放在茶桌前沿的中间，然后两人同时从两侧退回。

右副泡退场取第二托茶具（香炉、檀香、火柴），左副泡双手端香炉置于水盂前，檀香、火柴放在香炉左侧，二人同时从两侧退场。

左右副泡手托第三托茶具（贮茶罐、茶荷、茶匙、茶碟两只、茶巾）同时上场。

左右副泡走至表演桌两侧放下茶具，站定后，由主泡分别放置茶具。

主泡将左托盘中的茶具放置于表演桌右上侧，将右托盘中的茶具放置于表演桌左上侧。

茶具放置完毕后，主泡示意左右副泡取托盘退场。

左副泡在托盘中放入三套盖碗，右副泡在托盘中放入两套盖碗，然后两人手托茶具，同时从两侧上场，走到表演台，由主泡将盖碗呈五点形布置于桌面后，左右副泡将托盘收回后场。

三、净手

右副泡手托洗手钵、茶巾走至主泡旁侧，与主泡一起走至表演桌前，主泡净手。

四、焚香

左副泡把一支香递给主泡，主泡点香、敬香，回表演桌前。

五、赏茶

主泡用茶匙从贮茶罐中取茶，由左右副泡将干茶送给来宾观赏后拿回，归位。

六、涤器

主泡提起茶壶，分别向五个盖碗注水，涤器。然后再用茶巾擦净碗盖。

七、置茶

主泡取茶，投放于五个茶碗中。

八、浸润泡

采用低酌法冲水至碗中，达三分之一，用以浸润茶叶，蕴香。

九、冲泡

主泡对两边的四杯茶采用“凤凰三点头”法冲泡，以示对来宾的敬意。

中间一杯茶采用“高山流水”法冲泡，边冲泡边加盖。

十、奉茶

主泡示意左右副泡退场取回托盘。

主泡往左右托盘中各放两杯泡好的茶。

左副泡端起盛两杯茶的茶托，和右副泡一起将茶端至宾客处，由右副泡将茶奉给来宾，归位；换位操作同一步骤，右副泡端茶，由左副泡向宾客奉茶。

主泡取中间一杯茶，用目光示意，向来宾敬茶。

示范揭盖、闻香、刮沫、品饮，与来宾共品一杯香茗。

十一、收具

主泡将茶具一一收回托盘。

主泡向左右副泡示意，左右副泡将茶具收回后场。

十二、行礼谢客

行礼，依次从左边退场。

第四章

且吃了赵州茶去·禅茶

且吃了赵州茶去
——禅茶

茶禅一味

佛教僧众坐禅饮茶的历史，可追溯到晋代。至唐时已是无寺不种茶，无僧不饮茶。唐代名僧赵州和尚“任运随缘，不涉言路”，一段“吃茶去”的公案与禅林法语“茶禅一味”有着内在渊源。“茶禅一味”，意指禅味与茶味系同一种兴

僧人采茶归。

茶禅一味

味。茶与禅相通之处就在于追求精神境界的提纯与升华。

中国的禅宗源远流长，禅宗强调明心见性，“茶禅一味”说将日常生活中最寻常的茶与禅宗追求的最高境界“顿悟”结合起来，从而创立了一种大众喜闻乐见的禅修理念，使茶的文化精神同禅的哲学意境天然地融合在一起，实为一种智慧的境界。

“茶禅一味”源于中国，并深刻地影响着海外茶文化的发展。尤其是日本茶道、韩国茶礼都继承了“茶禅一味”的核心思想。

封氏聞見記卷第六
唐朝散大夫檢校尚書吏部郎中兼御史中丞封演
飲茶
茶早採者爲茶晚採者爲茗本草云止渴令人不眠南
人好飲之北人初不多飲開元中泰山靈巖寺有降魔
師大興禪教學禪務於不寐又不夕食皆許其飲茶人
自懷挾到處煮飲從此轉相倣傚遂成風俗自鄒齊滄
棣漸至京邑城市多開店鋪煎茶賣之不問道俗投錢
取飲其茶自江淮而來舟車相繼所在山積色額甚多
楚人陸鴻漸爲茶論說茶之功效并煎茶炙茶之法造

唐·封演《封氏闻见记》中关于禅与茶的记载

禅茶

禅宗寺院吃茶，早在赵州和尚以前就有记载。法堂前茶鼓响时，寺僧都要到茶堂去吃茶，招待尊客长老。那时吃茶已有吃茶的规矩，有一番佛法上的问答、机锋，已显示了禅与茶的一致性、一体性，但尚未正式形成吃茶的公案。直至晚唐，赵州和尚在古观音院（今河北柏林寺）往下以后，才以吃茶作为参禅的一种方法来契合禅机。

禅茶表演

禅茶表演是20世纪90年代国内茶文化复兴热潮的产物。江西是禅宗五家七宗的共同发源地，境内道场林立，名僧云集。江西永修县云居山真如寺与赵州和尚有一段渊源，真如寺的第一道山门就是赵州关。1994年，主创人员赴真如寺体验生活，将禅茶请下山，并经过艺术加工，研创了禅茶表演，在国内外茶道、茶艺

手印

表演中脱颖而出。

禅茶表演分四个部分：上供、手印、冲泡、奉茶。按佛教的规矩，上供是一个极其庄严的过程。为了避免茶艺过程成为纯粹的宗教礼仪，也为使表演更为精炼雅观，禅茶表演突出了上供时的焚香礼拜，删略了其他一些繁琐的佛事程序。禅茶表演中的手印借鉴了敦煌壁画中的佛教手印，如世尊拈花、迦叶微笑，个中含义并无定论，艺中典藏，佛理禅机，尽此一壶。值得注意的是，禅茶表演并非简单的点泡法，而是用夏布包扎茶叶后放入壶中烹煮，保留了唐代煮茶遗风。

茶山云遮雾绕，古刹巍峨，名泉环流，茶鼓悠远，茶堂幽谧。焚香、品茗、参禅。禅茶表演把人物带入禅林茶味的境地，从中也许能感悟出“吃茶去”的真谛所在。

茶品　名山游古刹，古刹种佛茶。选用寺院近旁所产之茶，如径山茶、蒙顶甘露茶、普陀佛茶等。

径山茶产于浙江省杭州市余杭区西北境内之天目山东北峰的径山。径山产茶历史悠久，又是佛教圣地。径山茶条索纤细苗秀，芽峰显露，色泽翠绿，香气清幽，滋味鲜醇，汤色嫩绿莹亮，叶底嫩匀明亮，经久耐冲泡。

蒙顶甘露茶产于四川省名山县蒙山山区。相传西汉末年甘露寺吴理真禅师在蒙山主峰上清峰种茶树七株，从此蒙山开创了产茶的历史。蒙山甘露茶条索紧卷多豪，叶嫩芽壮，色泽浅绿油润，茶汤清澈明亮，香高味爽。

禅茶茶汤

禅林圣地

铜壶、茶杯

表演器具

场地氛围

普陀佛茶产于浙江省舟山群岛中的普陀山，又称普陀山云雾茶。因其最初由僧侣栽培制作，以茶供佛，故名佛茶。其成品茶色泽翠绿微黄。茶汤明净，香气清雅，滋味隽永，爽口宜人。

水品　清冽山泉。

茶具　炭炉、铜壶、茶海、茶杯等。

服饰　僧（尼）帽、衣、鞋。

音乐　《禅乐》。茶与禅一样，需要用心去感悟。听者随着音乐逐渐内化，深入到禅的意境。

环境　静谧。茶堂幽谧，禅乐缥缈。

礼仪　庄。禅茶神合的禅境需要用心去顿悟。禅茶的神韵之一就是“庄”。表演前先入静，全神贯注，心无旁骛，目不斜视，动作寓动于静，不夸大张扬，以张弛有序的形体动作、虚明澄净的神情，将观众带入禅的意境之中。

程序

◆茶艺用具

长方形托盘两只、圆托盘一只、大小香炉各一只、长香三支、盘香一盘、檀香木三根、香粉、茶叶盒一个、黄丝带一条、白纱布一块、茶巾一块、茶海一只、小茶杯七只、烛台和蜡烛一副、竹篮一只、铜壶一把、炭炉一个。

◆场地布置

屏风一堂、禅旗一面、供台一张、方凳一张、表演桌一张、台布三块（黄色）。

◆行礼

随着音乐响起，三位表演者依次缓缓出场，站定后向来宾合掌行礼。

◆手印

主泡盘腿坐下，左右副泡站成八字形站立。主泡随音乐做第一遍手印。左右副泡站起合掌倒退回后场，主泡做第二遍手印。

◆备供香用具

左副泡手托香粉、檀香木，右副泡手托香炉，同时从后场走到主泡两边。右副泡先蹲下把香炉递给主泡后站起，左副泡蹲下把檀香木、香粉递给主泡后站起，左右副泡各拿托盘同时从两侧倒退入后场。

◆供香手印

主泡做供香手印，撒香粉。

◆备茶具

左副泡手提竹篮，右副泡手托茶海、茶盒、茶巾同时上场，走到主泡两侧。右副泡蹲下把茶海、茶盒、茶巾、圆托盘递给主泡后站起，主泡将空托盘放于茶桌左侧。左副泡站立直接把竹篮递给主泡。主泡接竹篮，从竹篮里将茶盏拿出，一一放入茶海。左右副泡同时从两侧退回后场。

左副泡手提茶壶，右副泡手捧火炉，同时上场，走至主泡两边，右副泡蹲下，放下火炉后站起，左副泡站立把铜壶递给主泡。左右副泡同时倒退回后场。

◆净具

主泡取铜壶往茶海里注入开水，以备涤器。取茶巾，把手擦净，然后用茶巾把圆托盘擦净。

◆煮茶

取白纱布，打开放入圆托盘中，取贮茶罐将茶叶倒入白纱布，用黄丝带把茶叶扎好，投入铜壶内煮茶。

◆涤器

将茶盏一一涤净，将六只干净的茶盏置于圆托盘中，再把余下的一只茶盏放在自己面前。

◆冲泡

稍候片刻，提起铜壶将壶内的茶水依次倒入杯中。

◆奉茶

左副泡捧起茶盘后，与右副泡同时行至来宾席给来宾敬茶，右副泡双手合十，作揖，端茶先至齐眉处，然后至胸，再奉茶。

◆敬茶

主泡双手捧起茶杯用目光示意，向来宾敬茶，示范品饮。

◆收具

左右副泡依次将表演桌上茶具收回后场。

◆行礼

左右副泡上场，走至主泡两侧，三人同时合掌，向来宾行礼，依次退场。

◆表演图释

一、行礼

随着音乐响起，三位表演者依次缓缓出场，站定后向来宾合掌行礼。

主泡盘腿坐下，左右副泡成八字形站立。

二、手印

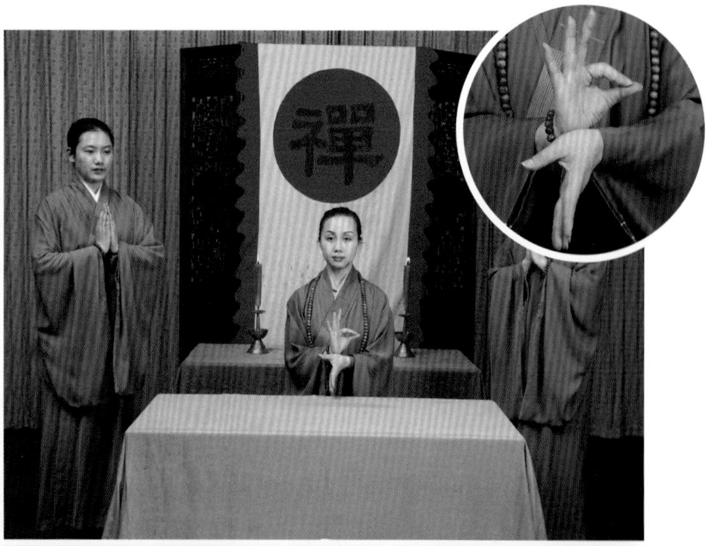

主泡随音乐做第一遍手印。

左右副泡退场，主泡做第二遍手印。

三、备供香用具

左副泡手托香粉、檀香木，右副泡手托香炉，同时从后场走到主泡两边。

右副泡先蹲下把香炉递给主泡后站起。

左副泡蹲下把檀香木、香粉递给主泡后站起。

左右副泡各拿托盘同时从两侧倒退入后场。

四、供香

供香。

撒香粉。

左副泡手提竹篮，右副泡手托茶海、茶盒、茶巾同时上场，走到主泡两侧。

右副泡蹲下把茶海、茶盒、茶巾、圆托盘递给主泡后站起，主泡将空托盘放于茶桌左侧。

左副泡站立直接把竹篮递给主泡。

主泡接竹篮，从竹篮里将茶盏拿出，一一放入茶海。

左副泡手提茶壶，右副泡手捧火炉，同时上场，走至主泡两边。

右副泡蹲下，放下火炉后站起。

左副泡站立把铜壶递给主泡。

六、净具

主泡取铜壶往茶海里注入开水，以备涤器。

取茶巾，把手擦净，然后用茶巾把圆托盘擦净。

七、煮茶

取白纱布，打开放入圆托盘中。

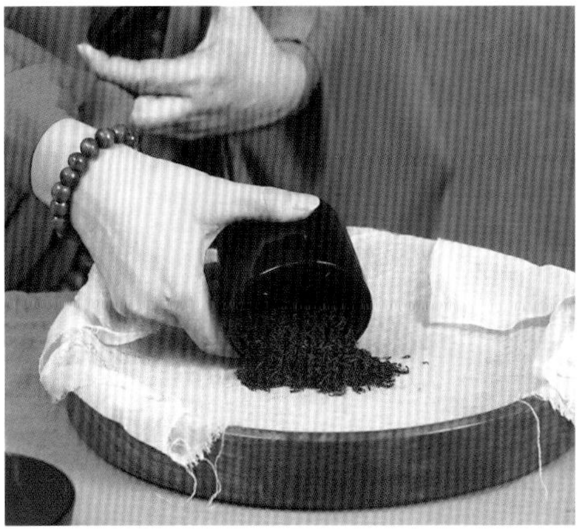

取贮茶罐将茶叶倒入白纱布，用黄丝带把茶叶扎好。

将茶包投入铜壶内煮茶。

八、涤器

将茶海中的茶盏一一涤净。

将六只干净的茶盏置于圆托盘中，再把余下的一只茶盏放在自己面前。

九、冲泡

稍候片刻，提起铜壶将壶内的茶水依次倒入杯中，冲泡完成。

十、奉茶

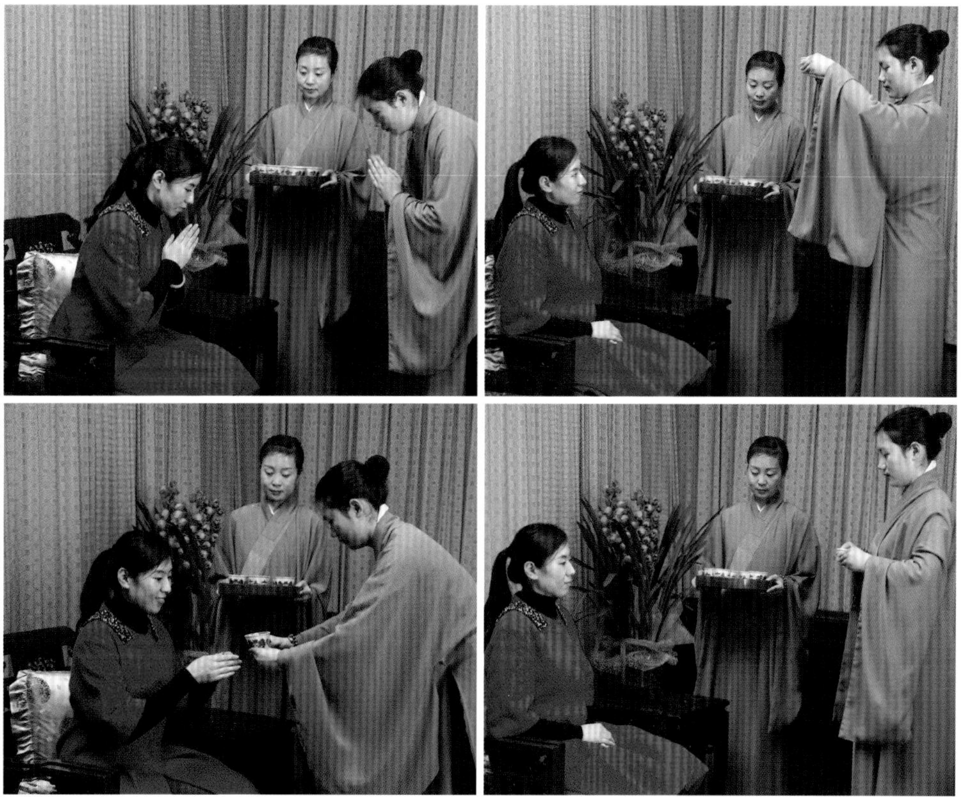

左副泡捧起茶盘后，与右副泡同时行至来宾席给来宾敬茶，右副泡双手合十，作揖，端茶先至齐眉处，然后至胸，再奉茶。

十一、敬茶

主泡双手捧起茶杯用目光示意，向来宾敬茶，示范品饮。

十二、收具

主泡将茶盏、茶巾碟放入竹篮递于左副泡，将茶海、茶巾、茶罐交于右副泡，左右副泡同时倒退回后场。

左右副泡上场，主泡将铜壶交于左副泡，右副泡端起火炉，双双倒退回后场。

左右副泡取空托盘上场，主泡将香粉盏交于左副泡，将香炉交于右副泡，左右副泡退场。

十三、行礼

左右副泡上场，走至主泡两侧，三人同时合掌，向来宾行礼，依次退场。

第五章

惟携茶具赏幽绝·宋代点茶

惟携茶具赏幽绝
——宋代点茶

“北苑将期献天子，林下雄豪先斗美。胜若登仙不可攀，输同降将无穷耻。”这是宋代大诗人范仲淹《和章岷从事斗茶歌》中的诗句，生动描写了宋代时期上至帝王将相，下至黎民百姓全民参与斗茶的盛况。

斗茶是以点茶的方式进行评茶及比试茶艺技能的竞赛活动。点茶始于晚唐，盛于宋元，方法是将茶叶末放在茶碗里，先注入少量沸水调成糊状，然后再注入沸水，或者直接向茶碗中注入沸水，同时用茶筅搅动，茶末上浮，形成粥面。

斗茶图（佚名）

茶汤

点茶方法的特点，使得宋代斗茶风气盛行。而决定斗茶胜负的标准一般有两条，一是汤色，二是汤花。汤色即茶水的颜色，以纯白为上。青白、灰白、黄白，则等而下之。色纯白，表明茶质鲜嫩，蒸时火候恰到好处。决定汤花的优劣也有两条标准：第一是汤花的色泽，以鲜白为上；第二是汤花泛起后，水痕出现的早晚。早者为负，晚者为胜。

完美的斗茶效果，不仅需要优质的茶品，娴熟的技艺，还要有适宜的茶盏。《茶录》载：“茶色白，宜黑盏”，这样黑白分明，一目了然。由于黑釉盏颜色较深，边薄底厚，胎骨厚重，胎质粗松，不仅茶汤置于盏中久热难冷，还能更好地显示茶汤泡沫的鲜白，并使泡沫保持较长时间，因而得到茶人们的钟爱，其中又以建窑烧制的黑釉盏最为世人所推崇。

“惟携茶具赏幽绝”，有宋一朝，点茶的饮茶方式为时尚，斗茶之道盛行。王公贵族尚茶、崇茶，茶之皇家之气隐隐可见；地方官吏、文人雅士以相聚品茗为雅；平民百姓于市井街巷间提壶端盏，斗茶、赛茶。宋代茶文化真正走向社会，真可谓“茶为举国之饮”。

宋·黑釉盏

磁州窑黑釉盏

宋代点茶表演

宋代点茶表演是中国茶叶博物馆根据我国宋代的饮茶方式研发复原的茶艺。

茶品　宋代点茶所用的茶品，以蒸青团饼茶为主。这种蒸青团饼的加工制作始于晚唐，到了宋代则达到顶峰，宋代的龙团凤饼

元·赵孟頫《斗茶图》

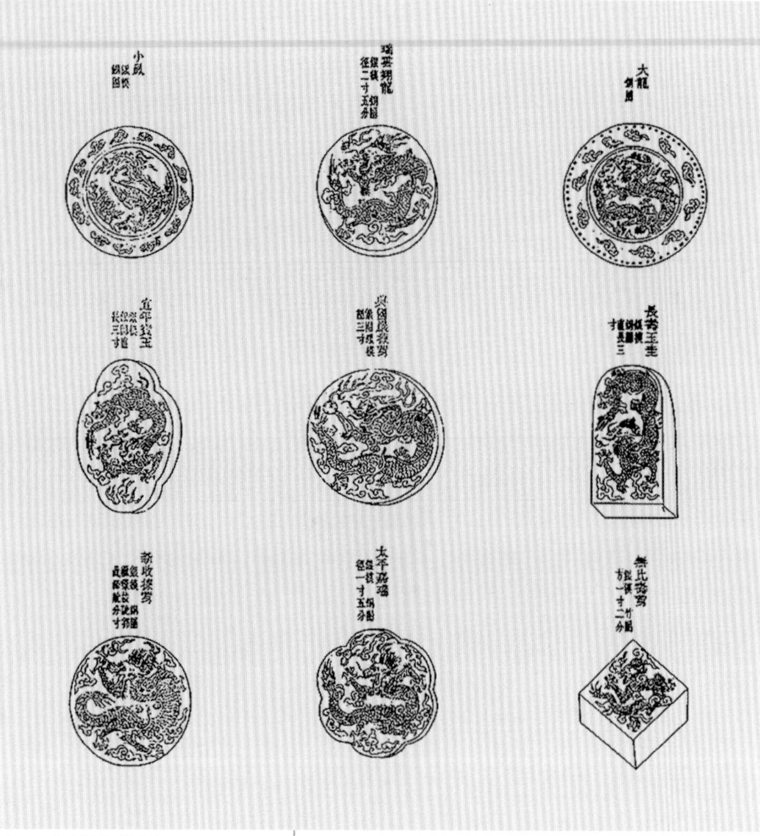
宋·茶饼线描图

茶饼复原制作过程

宋代茶饼复原

茶饼复原制作

的重量有八饼为一斤，也有二十饼为一斤的。形状有方形的、有圆形的，还有其他形状的。

中国茶叶博物馆根据宋代文献的记载，历经多年的深入研究，终于摸索出仿宋团饼茶加工中采茶、拣茶、洗茶、蒸茶、榨茶、捣茶、压模、烘干等多道核心工艺，成功复原制作了宋代的团饼茶。在多次反复加工试验中，选用西湖龙井、安吉白茶等多种不同原叶为蒸青团饼茶的原料，其中西湖龙井茶所加工的团饼茶汤色鲜绿，茶香清新，而安吉白茶所加工的团饼茶汤色鲜白、咬盏持久，更为接近文献记载。

水品　清冽山泉水。

宋代的碾茶工具

茶具　中国茶叶博物馆在复原宋代点茶技法的过程中，根据南宋审安老人的《茶具图赞》中关于“十二先生”的记载，成功复制了宋代点茶的常用器具。

韦鸿胪：为炙茶用的烘茶炉，一般由坚韧的竹器制成，“鸿胪”为执掌朝祭礼仪的机构，“胪”与“炉”谐音双关。

木待制：捣茶用的茶臼，为木制品，“待制”为官职名，即轮流值日，以备顾问之意。

金法曹：碾茶用的茶碾，以金属制成，“法曹”是司法机关。

汤提点：注水用的汤瓶，“提点”为官名，含“提举点检”之意。

漆雕密阁：盛茶末用的盏托，“秘阁”为君主藏书之地，宋代有“直秘阁”之官职，这里有茶托承持茶盏之意。

罗枢密：筛茶用的茶罗，筛网由罗绢敷成，“枢密使”是执掌军事的最高官员，“枢密”又与“疏密”谐音，和筛子特征相合。

陶宝文：茶盏，“宝文”之“文”通“纹”，表示器物有优美的花纹。

胡员外：量水用的水勺，由葫芦制成，“员外”暗示“外圆”。

宗从事:清理茶末用的棕刷，以棕丝制成，“从事”为州郡长官的僚属，专事琐碎杂务。

石转运：磨茶用的茶磨，用石凿成，“转运”是宋代负责一路或数路财富的长官，且从字面上看有辗转运行之意，与磨盘的操作十分吻合。

竺副帅：调茶汤用的茶筅。

司职方：清洁茶具用的茶巾，“职方”是掌管地图与四方的官名。

南宋·审安老人《茶具图赞》之“十二先生”

服饰 仿宋代服饰：文士（男装）：学士冠冕，交领广袖长袍；仆役（男装）：帽、麻布窄袖衣；丫鬟（女装）：宽袖交领缀花衣。

音乐 洞箫演奏《清明上河图》。

环境 清雅。

程序

◆行礼

音乐响起，三位点茶人员（文士、仆役、丫鬟）依次出场向来宾作揖行礼。

◆赏茶

从茶炉中取出茶饼，向观众展示宋代饼茶。

◆碾茶

将炙干的茶投入茶碾中，用碾轮将茶碾细。

1. 将茶饼用干净的牛皮纸包好，用茶臼轻轻敲打，使茶饼变成小块状。

2. 将小块碎茶饼倒入茶碾中，用碾轮把碎茶碾细。

◆磨茶

1. 用茶帚将茶碾中的碎茶扫入牛皮纸中，并将茶倒入茶磨。

2. 磨茶时两人合作，顺时针转动石磨，使茶末一点一点的落入外边的槽中。

3. 将槽中茶末扫入牛皮纸中，再次倒入石磨，继续磨茶三至四遍，将茶末放入茶叶罐中。

◆筛茶

把碾好的细末过筛，使茶叶更加精细。

◆候汤

水不能不开，但又不能烧得太过，因而要提瓶离炉，稍作等候。

◆烫盏

凡是点茶，必须先烫盏使之热。如果盏冷，茶就浮不起来。往碗中注入开水，将茶碗洗净温润。

◆置茶

用茶勺从茶叶罐中勺出适量茶末，置于茶碗中。

◆点茶

先投茶，投茶量约为八克。然后注汤，调匀。之后开始点茶。

1. 调膏：提起汤瓶，往茶碗中缓缓注入少量开水。左手扶住茶碗，右手取茶筅，搅拌茶末，调成膏状。

2. 注水：提起汤瓶，环绕盏壁，徐徐注入开水。

3. 击拂：先搅动茶膏，手轻筅重，来回击打茶汤。

◆**敬茶**

点茶结束，向客人敬茶。

◆**表演图释**

一、行礼

音乐响起，三位点茶人员（文士、仆役、丫鬟）依次出场向来宾作揖行礼。

二、赏茶

从茶炉中取出茶饼。

向观众展示点茶所用的茶饼。

三、碾茶

将茶饼放置于干净的牛皮纸中，包好。

用茶臼轻轻敲打，使茶饼变成小块状。

将碎茶饼倒入茶碾中，用碾轮将茶碾细。

四、磨茶

用茶帚将茶碾中的碎茶扫入牛皮纸中，并将茶倒入茶磨。

磨茶时两人合作，顺时针转动石磨，使茶末一点一点的落入外边的槽中。

将槽中茶末扫入牛皮纸中，再次倒入石磨，继续磨茶三至四遍，将茶末放入茶叶罐中。

五、筛茶

将牛皮纸中的茶末倒入茶罗中，来回摇动茶罗，使筛好后的茶更细腻。

将茶末到入茶叶罐中，并交给文士。

六、候汤

水不能不开，但又不能烧得太过，因而要提瓶离炉，稍作等候。

七、烫盏

凡是点茶，必须先烫盏使之热。如果盏冷，茶就浮不起来。往碗中注入开水，将茶碗洗净温润。

八、置茶

用茶勺从茶叶罐中勺出适量茶末，置于茶碗中。

九、点茶

1.调　膏

提起汤瓶，往茶碗中缓缓注入少量开水。

左手扶住茶碗，右手取茶筅，搅拌茶末，调成膏状。

2.注　水

提起汤瓶，环绕盏壁，徐徐注入开水。

3.击　拂

先搅动茶膏，手轻筅重，来回击打茶汤。

十、敬茶

点好的茶汤。

向客人敬茶。

第六章

品时依旧无俗香·九曲红梅

品时依旧无俗香
——九曲红梅

白玉杯中玛瑙色，红唇舌底梅花香

一朵红梅, 拂去尘世纷杂，清茶静心，淡如微风，香如兰花，苦如生命……

主产于西湖区周浦乡的九曲红梅，早在清代便闻名于世，因其茶韵悠绵，茶汤鲜亮红艳，有如水中红梅，故以红梅名之，又因其是浙江产的唯一的一种红茶，故有“万绿丛中一点红”的美誉。

茶香一缕越千年，品到深处方知茶。九曲红梅兼具深厚的文化底蕴和优异的品质特性，自问世以来，就与茶人们结下了不解之缘。“九曲红梅成绝响，人间三月柳条青”、“白玉杯中玛瑙色，红唇舌底梅花香”、“品时依旧无俗香”等诗句便是茶人们为他们心目中的红茶珍品——九曲红梅所作，正是“任世上茶有万千种，一生只取一壶饮。”

九曲红梅茶具

清泉红茶，以半日之闲，抵十年尘梦，就让九曲红梅那浮动的暗香沁入心脾，让心如这沉静的茶水，落定于浮华之外。

九曲红梅茶艺表演

此茶艺表演为中国茶叶博物馆设计、研发的茶道，是浙江历史名茶九曲红梅的创新冲泡方式。

茶品 九曲红梅茶，又称“九曲红”，“九曲乌龙”，属红茶类。九曲红梅外形条索细若发丝，弯曲细紧如银钩，披满金色的绒毛，色泽乌润，滋味浓烈，香气馥郁，汤色鲜亮，叶底红艳成朵。

水品 清冽山泉水。

茶具 梅花纹白瓷。

服饰 白底红梅纹样刺绣表演服。

音乐 《春绿江南》、《花间梦事》皆可。

环境 清和雅致。

礼仪 表现江南女子的娴雅与知书达理。

程序

◆茶艺用具

茶壶一把、盖碗一组、公道杯一个、水盂一只、木茶碟五只、白瓷小杯五只、茶巾一块、茶荷一枚、茶匙一只、贮茶罐一只、托盘一个。

齐白石《茶具梅花图》

九曲红梅茶样及茶汤

九曲红梅表演茶具

◆**附件**

热水瓶一把、音乐光盘。

◆**布具**

将茶具分别置于茶席相应位置。

◆**行礼**

音乐响起，茶艺师出场坐定后向来宾行礼。

◆**赏茶**

茶艺师用茶匙从贮茶罐中取适量茶叶，置于茶荷内，供来宾欣赏干茶。

◆**温杯涤器**

用开水温壶烫杯、洁净茶具，既提高了壶温，有利于冲泡时茶叶香味的挥发，也寓意对宾客的敬重，营造温馨的饮茶氛围。

◆**置茶**

打开盖碗，将茶荷中的茶叶投入盖碗中。

◆**醒茶**

茶艺师向碗中注水，盖上盖子后，即可出汤，将第一泡茶汤直接倒入水盂中。

◆**浸润泡**

右手提起提梁壶，向盖碗中注入少量开水，水量以浸没茶叶为宜。然后盖上盖子，静等片刻，浸润茶叶，孕育茶香。

◆**冲泡**

向碗中高冲注入开水，连绵不断的水流使茶叶在碗中上下翻腾，浸出茶汁。

◆**分茶**

冲泡约45秒后，出汤，将茶汤倒入公道杯中，然后采用巡回斟茶手法，把公道杯中的茶水依次注入品茗杯中。

◆**敬茶**

将杯托依次放入茶盘中后，向来宾敬茶。

◆表演图释

一、布具

将茶具分别置于茶席相应位置。

二、行礼

音乐响起，茶艺师出场坐定后向来宾行礼。

三、赏茶

双手取茶叶罐，将盖子打开。

用茶匙取出适量茶样，置于茶荷中。

将盛有茶样的茶荷送于来宾，敬请欣赏干茶。

四、温杯涤器

右手打开盖碗。

左手拿起茶巾托住壶底，右手提起提梁壶，冲水入碗。

双手捧起盖碗，旋转手腕，进行洗涤温润，将水倒入公道杯中。

左手拿起公道杯，将温水依次倒入品茗杯。

双手托起品茗杯，逆时针方向旋转两圈。

涤净后倒入水盂。

五、置茶

打开盖碗，将茶荷中的茶叶投入盖碗中。

六、醒茶

右手提起提梁壶，向碗中注水。

右手盖上盖子

即刻出汤，将第一泡茶汤直接倒入水盂中。

七、浸润泡

右手提起提梁壶，向盖碗中注入少量开水，水量以浸没茶叶为宜。

然后盖上盖子，静等片刻，浸润茶叶，孕育茶香。

八、冲泡

右手拿起盖碗，将茶汤倒入公道杯。

左手拿起公道杯，采用巡回斟茶手法，依次将茶分入品茗杯。

九、敬茶

将杯托依次放入茶盘中。

茶艺师向来宾敬茶。

十、行礼谢客

茶艺师行礼后，退场。

第七章

青韵幽香渐隐去·青茶

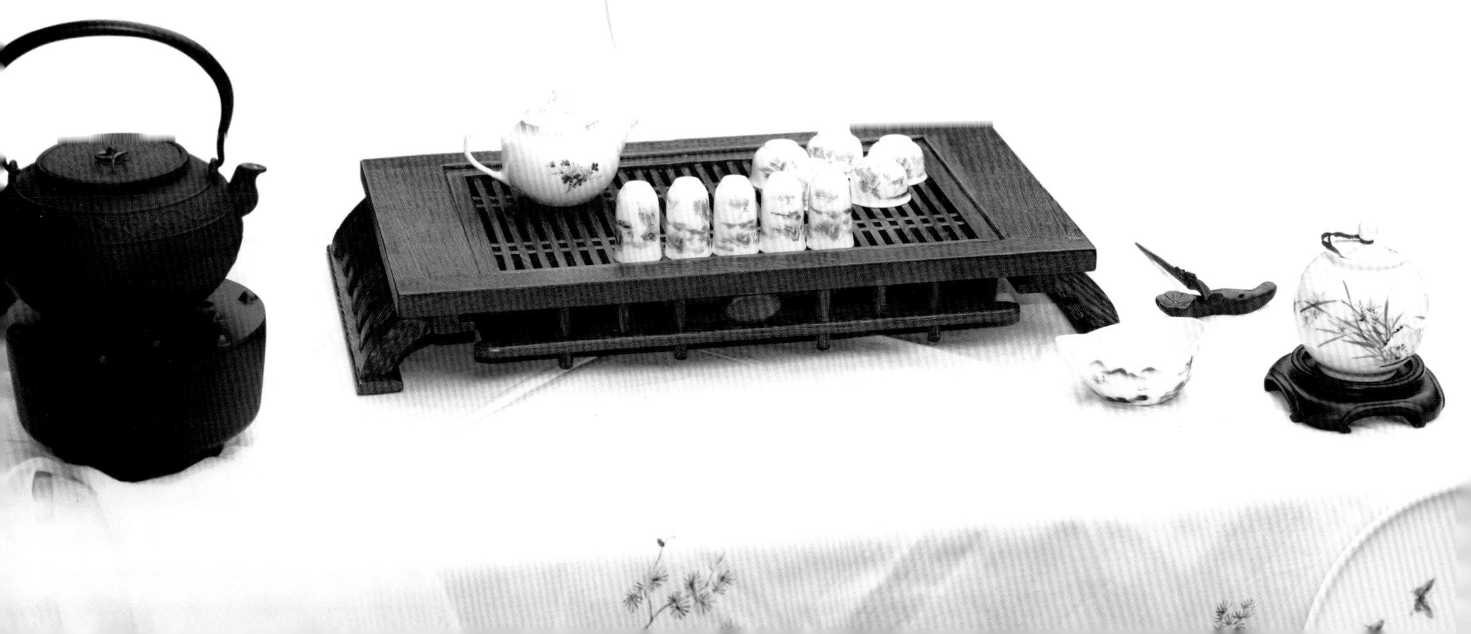

青韵幽香渐隐去
——青茶

青韵幽香渐隐去……其青之韵以青茶之雅兼有青花茶具之美。

青茶是乌龙茶的别称，它既有绿茶的清香，又不失红茶的甜醇，冲泡之后具有天然的花香，自明代问世以来，一直受到人们的青睐。

青花瓷主产于“中国瓷都”江西景德镇，原始青花瓷于唐宋已见端倪，成熟的青花瓷则出现在元代景德镇，明代青花成为瓷器的主流，清康熙时发展到了

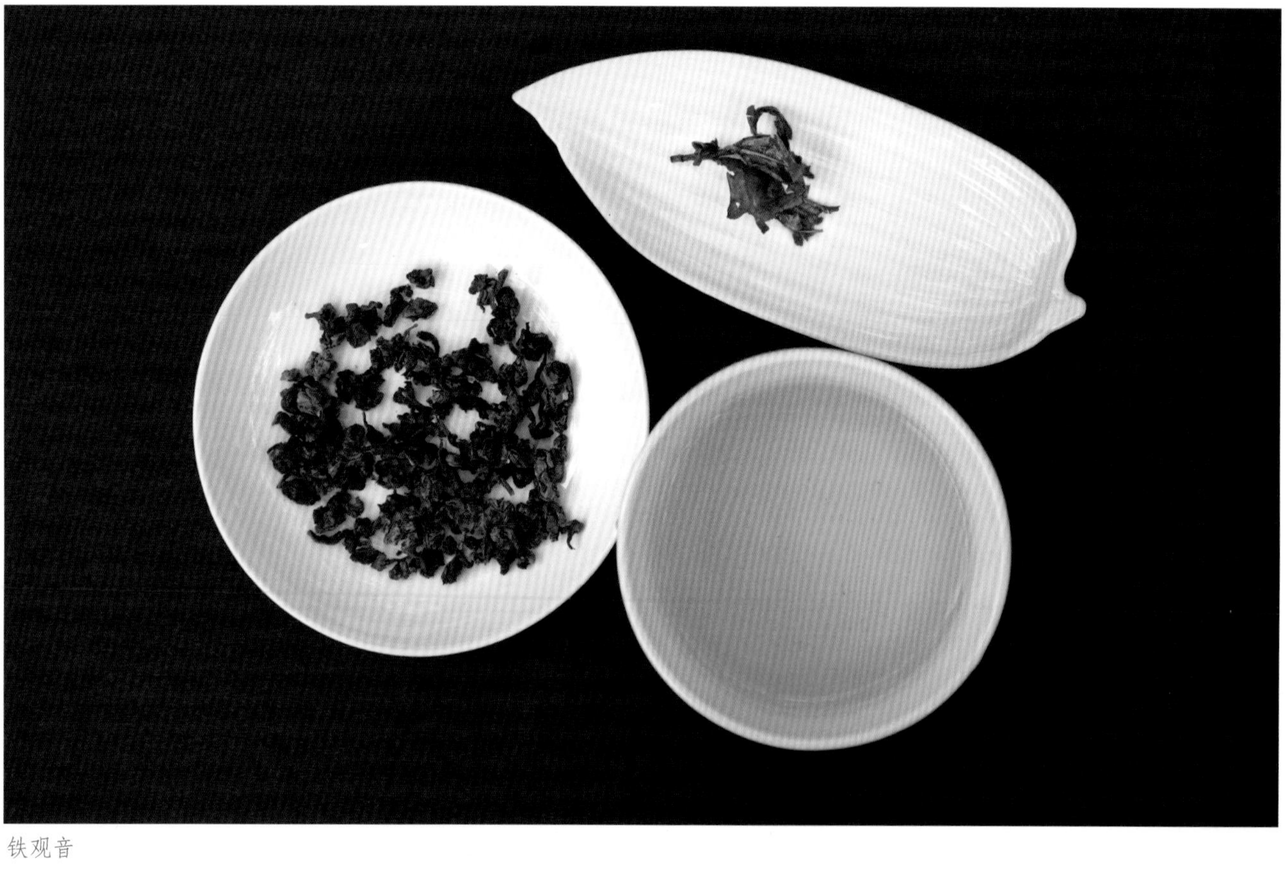

铁观音

顶峰。青花瓷虽不比唐三彩的绚丽多姿，不比景泰蓝的工艺复杂，但却呈色稳定，花纹素雅、温婉如玉、圆润如珠。

青花瓷青白素雅、纯正高贵的品质、“清水出芙蓉，天然去雕饰”的淡然之美，与青茶醇净绵长、卓尔不群的气质相互融合，彼此升华。

茶、瓷皆有魂。捧起盛着香茗的青花瓷，慢慢感受茶的暖意、瓷的气息。

几世轮回，千年情结，万年等待，终渐隐去，唯有一缕缕茶的清香留在心底……

青花盖碗

青茶茶艺表演

此茶艺表演为中国茶叶博物馆茶艺师主创的茶道，展现了乌龙茶配以青花瓷的创新冲泡方式。

清·山水人物纹青花茶海

茶品 安溪铁观音，主产于福建安溪地区，为乌龙茶中的极品，其品质特征为外形青蒂绿腹，呈蜻蜓头状，美如观音，身重如铁，冲泡后汤色金黄浓艳似琥珀，有天然馥郁的兰花香，滋味醇厚甘鲜，回甘悠久。

水品 洁净优质的山泉水。

茶具 青花瓷质茶具。

服饰 青花刺绣表演服、罗裙。

音乐 《琵琶语》。

环境 雅致整洁。

程序

铁观音茶样

◆茶艺用具

铸铁壶一把、瓷茶壶一把、闻香杯五只、品茗杯五只、茶巾一块、茶荷一枚、茶匙一只、贮茶罐一只、托盘一个。

青花茶具

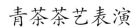

◆**附件** 热水瓶一把、音乐磁带（光盘）。

◆**行礼** 音乐响起，茶艺师出场坐定后向来宾行礼。

◆**赏茶** 茶艺师从茶叶罐中取出茶叶，置于茶荷中，供来宾欣赏干茶。

◆**备具**

茶艺师依次将冲泡器具置于茶席。

◆**温壶烫杯**

以沸水洗涤茶壶与品茗杯，既清洁茶具又提高壶温，有利于冲泡时茶叶香味的挥发。

◆**置茶**

打开壶盖，将茶荷中的茶叶投入壶中，茶叶量控制在茶壶的三分之一左右。

◆**润茶**

茶艺师注水至壶口以下位置，浸润茶叶，孕育茶香。由于乌龙茶制作工艺比较复杂，润茶能让茶叶吸收一定的水分，使茶叶处于一种含香欲放的状态。盖上盖子后，即可出汤，润茶之水可以用于闻香，将第一泡茶汤倒入闻香杯中，增加闻香杯中茶的香气。

◆**高冲**

打开壶盖后，右手拿起提梁壶，向碗中高冲注入开水，使水溢出壶口。连绵不断的水流使茶叶在碗中上下翻腾，浸出茶汁。

◆**刮沫**

用壶盖刮去因高冲泛起的泡沫及茶末，使壶内茶汤更加清澈洁净。

◆**淋壶**

在等候的过程中，将闻香杯中的茶汤淋在茶壶的外壁，内外加温，以增茶韵。

◆**分茶**

用茶巾沾干壶底的残水，采用巡回斟茶手法把茶水注入闻香杯中，然后将品茗杯倒扣于闻香杯上，用茶巾沾干闻香杯底，采用“倒转乾坤”的手法，将品茗杯倒转，置于杯托上。

◆**敬茶**

向来宾敬茶，并留一杯作为茶艺师示范品茶。

◆**闻香**

将闻香杯倾斜提起，置于掌心，迅速滚动，嗅杯中余香，以鉴茶香纯度。

◆**品茗**

闻香之后可以观色品茗。品茗时分三口小啜，从舌尖到舌面再到舌根，不同部位对香味的敏感程度也有细微的差异，需细细品味才能体会。

◆表演图释

一、行礼

音乐响起，茶艺师出场坐定后向来宾行礼。

二、赏茶

双手取贮茶罐。

右手将贮茶罐盖子打开。

右手取茶匙。

用茶匙取适量茶样，置于茶荷中。

将盛有茶样的茶荷送于来宾，敬请欣赏茶叶。

三、备具

双手以自外向内的顺序，将闻香杯、品茗杯翻转置于茶海上。

四、温壶烫杯

右手打开瓷壶盖。

左手拿起茶巾。

右手提起提梁壶，往壶中冲入近100℃的开水至八分满。

右手盖上壶盖。

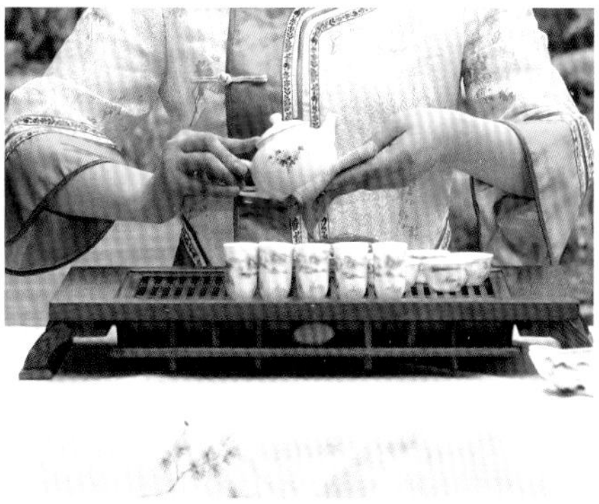

双手拿起茶壶，旋转手腕。

洗涤温润后，将水倒入品茗杯中。

采用“狮子滚绣球”的手法洗涤品茗杯。

五、置茶

打开壶盖。

拿起茶荷。

将茶荷中的茶叶投入壶中，茶叶量控制在茶壶的三分之一左右。

六、润茶

右手提起提梁壶。

往壶内注水，至壶口以下位置，浸润茶叶，孕育茶香。

盖上盖子后，即可出汤。

七、高冲

打开壶盖后，右手拿起提梁壶，向碗中高冲注入开水，使水溢出壶口。连绵不断的水流使茶叶在碗中上下翻腾，浸出茶汁。

八、刮沫

用壶盖刮去因高冲泛起的泡沫及茶末，使壶内茶汤更加清澈洁净。

九、淋壶

在等候的过程中，将闻香杯中的茶汤淋在茶壶的外壁，内外加温，以增茶韵。

十、分茶

端起茶壶用茶巾擦干沾干壶底的茶水。

采用“关公巡城”、“韩信点兵”的方式分茶入闻香杯中约七分满。

将品茗杯倒扣在闻香杯上。

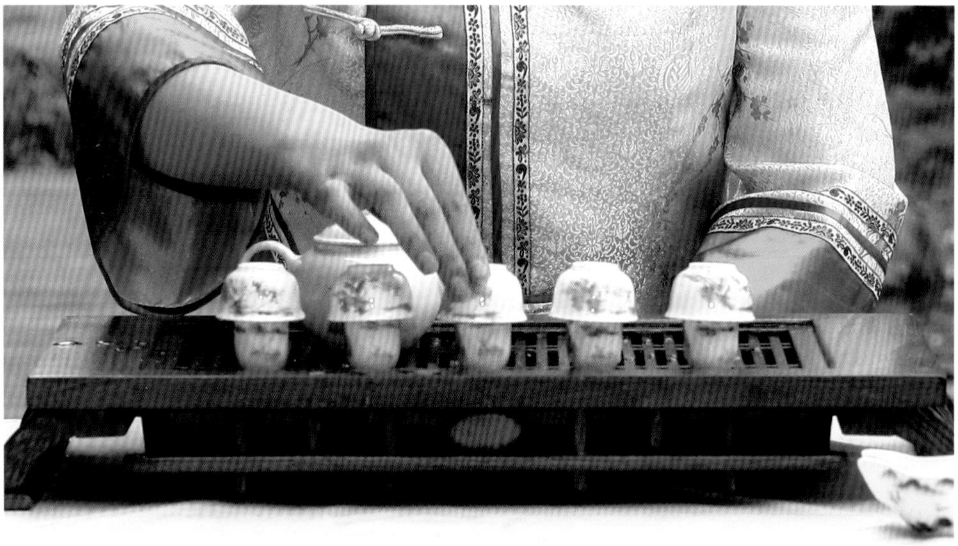

用茶巾垫干闻香杯底，采用“倒转乾坤”的手法，将品茗杯倒转，置于杯托上。

十一、敬茶

用目光示意，向来宾敬茶。

十二、闻香

茶艺师留一杯与来宾共饮。

将闻香杯倾斜提起，置于掌心，迅速滚动。

嗅杯中余香，以鉴茶香纯度。

十三、品茗

闻香之后可以观色品茗。品茗时分三口小啜，从舌尖到舌面再到舌根，不同部位对香味的敏感程度也有细微的差异，需细细品味才能体会。

第八章

最是功夫茶与汤·潮汕功夫茶

最是功夫茶与汤
——潮汕功夫茶

烹调味尽东南美，最是功夫茶与汤

乌龙茶在闽南及潮汕一带别称“功夫茶”。功夫茶的主要特色，在于它非常注重茶品之选择，茶具之精美，水质之甘纯和泡饮技法之从容有序。清代的文献中，有功夫茶的专题，说明功夫茶中真有“功夫”。清代大才子袁枚在其《随园食单》中对品饮功夫茶的体会写得非常具体，同时也提明了乌龙茶的品饮要领。对于功夫茶，有的茶人以味为重，品味重于品香，认为能妥善保管三五年、几十年的功夫茶，其味更佳，水色更浓，有润泽生津之感、消暑退热之效。也有以香为重，香重于味的，这种品饮方式，注重于该茶具有的特殊香气，当然也要求有好的滋味，在这种情况下通常陈茶是很难做得到的。

据《清朝野史大关·清代述异·卷十二》载：“中国讲求烹茶，以闽之汀、漳、泉三府，粤之潮州功夫茶为最。”如今在乌龙茶区，随时随地都可以领略到当地人品功夫茶的闲情逸趣。

传统的潮汕人饮茶有专用的器皿，称为“烹茶四宝”，即玉书煨、潮汕风炉、孟臣罐、若琛瓯。玉书煨（烧开水的壶），一般为扁形，能容200克水，耐冷热激变性能好。当水烧开时，壶盖在水蒸汽的推动下自行掀动，并发出“扑扑”的响声，好生有趣。潮汕风炉（烧开水的炉子），一般为红泥烧制的小火炉。孟臣罐（小茶壶，现在也多用盖碗泡茶），以清代制壶名家惠孟臣命名。若琛瓯（小茶杯），若琛，清初人，以善制茶杯而出名，后人借其名喻名贵茶杯。

潮州功夫茶是我国古代品茗艺术的继承和发展，被称为中国茶道的“活化石”。有道是：“烹调味尽东南美，最是功夫茶与汤。”

功夫茶表演

功夫茶茶艺一般以师承或家传为主，形成了不同的风格。本套表演系中国茶叶博物馆茶艺人员根据当地饮茶习俗编创而成，反映了潮州功夫茶的基本程序和风格。

茶品

凤凰单枞，产于广东潮州层峦叠嶂、峡谷纵横的山区，其外形较挺直肥壮，色泽黄褐似鳝鱼皮色，系采摘一芽二三叶的新鲜茶叶，经萎凋、做青、杀青、揉捻、烘焙等工序精制而成。成品条索紧结重实，汤色黄亮，口感醇美，回甘力强，具有天然的花香，饮后闻杯，余香留底。20世纪50年代初，凤凰单枞被评为中国十大名茶之一，享有“乌龙茶明珠”的美誉。

武夷岩茶，产于福建武夷山，香气馥郁，胜似兰花而深沉持久，“锐则浓长，清则幽远”。滋味浓醇清活，生津回甘，虽浓饮而不见苦涩。茶条壮结、匀整，色泽青褐润亮呈宝光。叶面呈蛙皮沙粒白点，俗称“蛤蟆背”。开汤后叶底绿叶红镶边，呈三分红七分绿色。

安溪铁观音，产于福建安溪，外形卷曲、壮结、厚重，呈青蒂绿腹蜻蜓头状，色泽绿润。汤色金黄或黄绿，艳丽清澈；叶底肥厚明亮，有绸缎光泽；香气馥郁，有兰花香、桂花香等不同的天然花香型；茶汤醇爽甘鲜，入口带有蜜味，并有一种令人陶醉的感觉，俗称“音韵”。

凤凰单枞

武夷岩茶

铁观音

水品 优质清冽山泉水。

茶具 盖碗（也可用紫砂壶）、小品杯、圆形茶海，茶叶罐，茶道组，茶荷，茶巾，提梁壶。

服饰 传统民族服饰。

音乐 《乌龙八仙》。水声背景，带人进入喝茶品茗的悠闲心境。在古筝、胡琴、排箫等乐器的诠释下，与茶进行一次心灵的交流。

程序

茶艺用具先备齐，置于桌上。

◆行礼

音乐响起，茶艺师出场坐定后向来宾行礼。

◆赏茶

选用武夷岩茶，茶条壮结、匀整，色泽青褐润亮呈宝光。

1. 双手取茶叶罐，将盖子打开。
2. 用茶匙取出适量茶样，置于茶荷中。
3. 将盛有茶样的茶荷送于来宾，敬请欣赏茶叶。

◆备具

1. 双手以自外向内的顺序，将品茗杯翻转置于茶海上。

◆温杯涤器

温壶烫杯、洁净茶具的同时，提高壶温，有利于冲泡时茶叶香味的挥发。

1. 右手打开盖碗。左手拿起茶巾，右手提起提梁壶，冲水入盖碗。
2. 双手捧起盖碗，旋转手腕，进行洗涤温润，将水倒入品茗杯中。
3. 采用“狮子滚绣球”的手法洗涤品茗杯。

◆置茶

打开盖碗，将茶荷中的茶叶投入盖碗中。

◆润茶

往茶碗中注入沸水，并立即倾出，使茶叶初步温润舒展。

1. 右手提起提梁壶，向碗中注入沸水。
2. 盖上碗盖后，即可出汤，迅速将第一泡茶汤倒入品茗杯中。

◆冲泡

1. 向碗中高冲注入开水，连绵不断的水流使茶叶在碗中上下翻腾，浸出茶汁。

2. 用盖旋转内侧挤叶底，加速内涵物质的浸出，并使茶汤均匀，此时亦可执盖闻香。

提梁壶

茶海及盖碗、品茗杯

茶荷

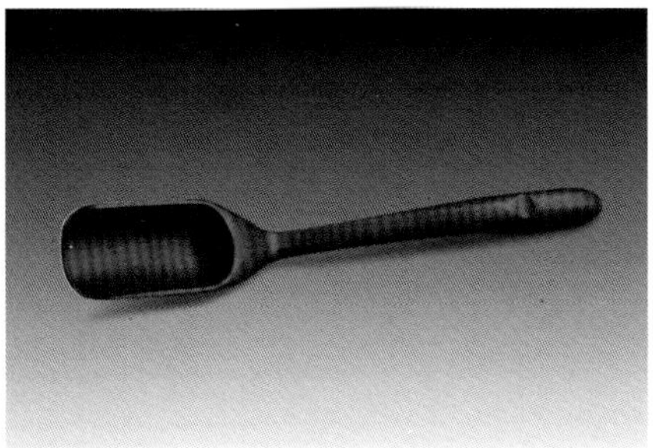
茶则

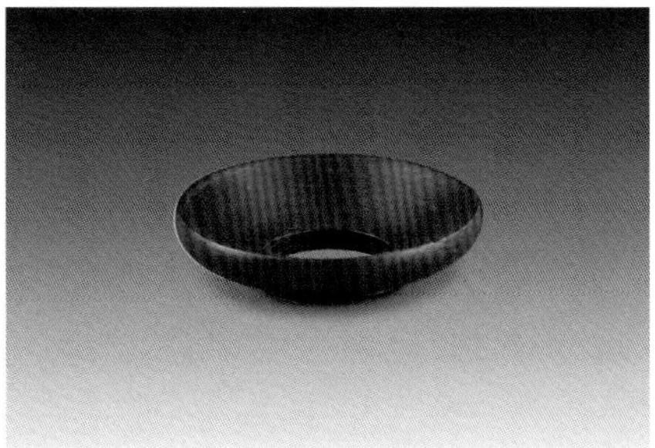
茶漏

茶匙

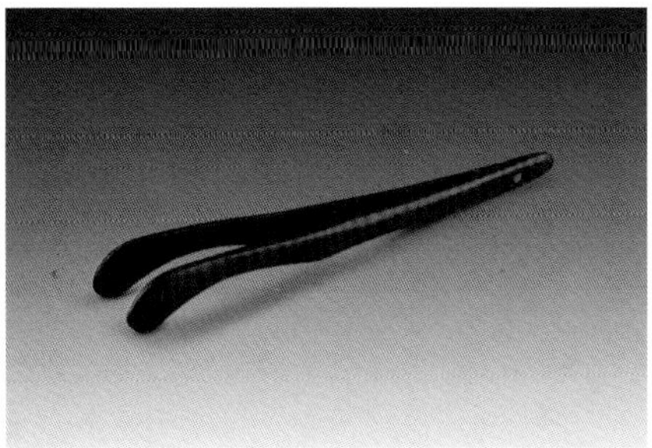
茶夹

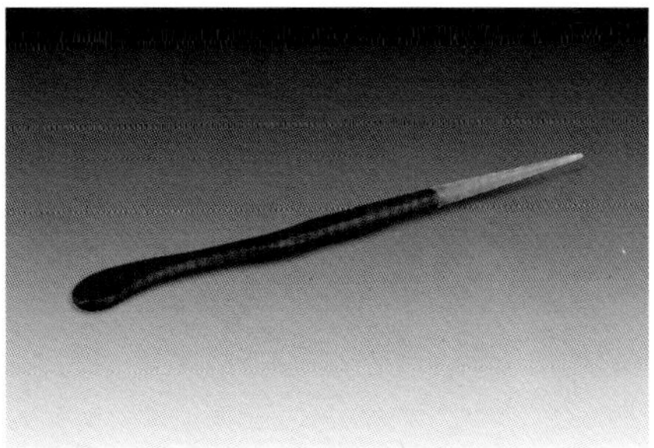
茶针

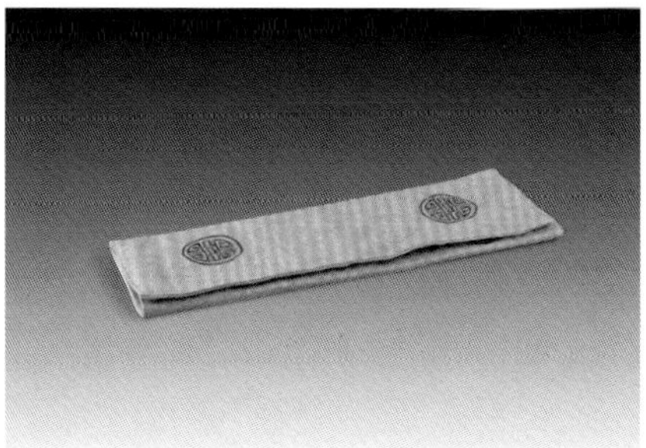
茶巾

3. 在等候过程中取茶夹，将品茗杯中的茶汤倒入茶海。

◆分茶

不宜速亦不宜迟。速则茶未浸出，香味不发；迟则香味迸出，茶色太浓，茶味苦涩，前功尽弃。分茶必各杯轮匀，称“关公巡城”；又必余沥全尽，称“韩信点兵”。为避免茶香飘散，泡沫浮生，宜放低斟茶，称“低洒”。右手拿起盖碗，将茶汤依次分入品茗杯中。

◆敬茶

敬请宾客品饮香茶，闻其香，观其色，品其味。将杯托依次放入茶盘中后，向来宾敬茶。

◆表演图释

一、行礼

行礼

二、赏茶

双手取茶叶罐，将盖子打开。

用茶匙取出适量茶样，置于茶荷中。

请来宾欣赏干茶。

三、备具

双手以自外向内的顺序，将品茗杯翻转置于茶海上。

四、温杯涤器

右手打开盖碗。左手拿起茶巾。

右手提起提梁壶，左手以茶巾托壶冲水入盖碗。

双手捧起盖碗，旋转手腕，进行洗涤温润，将水倒入品茗杯中。

采用“狮子滚绣球”的手法洗涤品茗杯。

五、置茶

打开盖碗，将茶荷中的茶叶投入盖碗中。

六、润茶

右手提起提梁壶，向碗中注入沸水。

盖上碗盖后，即可出汤，迅速将第一泡茶汤倒入品茗杯中。

七、冲泡

向碗中高冲注入开水，连绵不断的水流使茶叶在碗中上下翻腾，浸出茶汁。

用盖旋转内侧挤叶底，加速内含物质的浸出，并使茶汤均匀，此时亦可执盖闻香。

在等候出汤过程中取茶夹，将润茶时品茗杯中的茶汤倒入茶海。

八、分茶

右手拿起盖碗，将茶汤依次分入品茗杯中。

九、敬茶

将杯托依次放入茶盘中后，向来宾敬茶。

第九章

擂茶一碗更深情·擂茶

擂茶一碗更深情

——擂茶

莫道醉人惟美酒，擂茶一碗更深情

流行于两湖、两广、川、闽、赣、黔部分地区的古老茶俗——擂茶，既是人们的日常饮茶方式，又是待人接物、结交亲友的重要仪式。擂茶是将花生米、茶叶与生姜等浸泡后擂研成糊，拌上韭菜、菜豆等，加适量的细盐，入锅加温水煮成茶粥。饮时舀入碗中，撒上油炸花生仁、油炸碎糯米糍、碎炒黄豆、熟芝麻等佐料，保存了唐宋时期民间饮茶附以佐料的习俗。另有擂茶做法名“腌茶”，立夏前后，采摘连茶的老茶叶，入锅蒸或煮成赤色后捞起晒干。擂茶时取适量茶叶，加熟芝麻、花生、肉桂、小茴香、白芷、陈皮、甘草等香料，拌入细盐擂成茶泥，冲沸水饮用。擂茶冲泡时，壶须提高，水应快冲，趁热饮用，身心清爽，脾胃舒适；细嚼茶脚，香辛苦咸，味中有味，余味绵长。各地擂茶方法近似而配料各异，以当地最好的茶叶加多种食物于其中表示祝福和敬意。

在我国的茶文化百花园中，擂茶无疑是一朵散发着异香的奇葩。从擂茶的物质文化内涵，不难看出其所用佐料不仅能解渴充饥，而且有着清凉解暑、提神健胃、疏肝理肺等多种功效。中国茶文化的主流在民间，擂茶这一典型的民间饮茶风俗质朴简洁，以极强的生命力代代相传。它不像上层茶文化那样优雅而深沉，更多地反映了普通老百姓对美好生活的积极追求与向往，表现了劳动者勤劳、质朴的精神品质。置身其中，人们体会到的是茶的清香、人的美好和彼此之间的友爱之情。

擂茶表演

擂茶表演系中国茶叶博物馆根据民间茶俗整理、采编而成。在欢快而富有民族特色的乐曲声中，两位农家少女身着青花小袄，优美娴熟的操作中透着一股乡土气息，一种以茶交际、欢娱的氛围弥漫开来。

茶品 选用当地产的优质炒青绿茶。

茶具 上好陶土烧制的擂钵，山苍子木制成的擂棒，青花茶壶、碗、水盂等。

水品 洁净的溪水、泉水。

服饰 青花小袄、肚兜、头巾，扎麻花辫。

音乐 选用轻快的地方小调，如《紫竹调》，带给观众一种丰收的欢愉和有朋自远方来的喜悦。

环境 欢愉。绿树村边合，青山郭外斜。小村有远客，不亦乐乎。村头的大树下，忙里偷闲的人们欢聚在一起，在轻快的音乐声中体验浓浓的茶香人情。

礼仪 灵动。面带微笑，脚步轻快，动作娴熟轻灵，表现农家少女勤劳、热情、大方、好客的美好形象。

程序

◆茶艺用具

托盘两只、擂棒、擂钵、茶巾碟、竹架、竹签、水盂、茶巾、提梁壶、佐料碟、瓷碗、大茶勺。

表演用具

◆茶品及佐料

炒青绿茶；薄荷、甘草、陈皮、芝麻、花生、白糖。

茶品及佐料

◆**行礼**

音乐响起，左右主泡步履轻盈地从后场走出，面对来宾同时行礼。

◆**备具**

左右主泡相互点头示意，左主泡回后场取出一托盘（茶海、茶巾碟、茶巾），由右主泡放在桌上。左右主泡相互点头示意，一起回后场，左主泡取擂钵，右主泡取擂棒，一起走出将茶具放在桌上。

◆**赏茶**

左右主泡相互示意，一起回后场，左主泡拿托盘（茶及佐料），右主泡拿茶壶，一起走出。右主泡把茶壶放在桌上，之后左右主泡把六种佐料介绍给观众，回到表演桌前，准备冲泡。

◆**涤器**

右主泡拿起擂棒交给左主泡，提起茶壶冲洗擂棒；左主泡将擂棒交回给右主泡并用毛巾将擂棒擦干，由右主泡放回原处。左主泡将擂钵拿起，轻轻晃动，把擂钵内的水倒入水盂，把擂钵放回原处。

◆**置茶**

左主泡将茶及佐料一一倒入擂钵之中，再用毛巾擦拭竹签，放回原处。

◆**擂茶**

右主泡拿起擂棒交给左主泡，右主泡手扶擂钵，左主泡手持擂棒（左手在上，右手在下），舂捣擂钵中的佐料。然后再由左主泡邀请一位观众上台参与擂茶，这是一个与观众互动的环节。

◆**冲泡**

左主泡手扶擂钵，右主泡手拿茶壶往擂钵中注水。

◆**分茶**

左右主泡相互示意，左主泡回后场，取托盘（六只瓷碗，一个大茶勺，瓷碗内放白糖）出场，由右主泡用茶勺将茶汤舀入瓷碗中，用茶巾擦拭竹签，搅拌茶汤，再用毛巾擦拭竹签放回原处。

◆**奉茶**

左右主泡相互点头示意，走向来宾敬茶。

◆**收具**

敬茶完毕，两人回到台前，依次收具。

◆**行礼退场。**

◆表演图释

一、行礼

面对来宾同时行礼。

二、备具

左右主泡相互点头示意，左主泡回后场取出一托盘（茶海、茶巾碟、茶巾）。

右主泡将茶海等放在桌上。

一起回后场，左主泡取擂钵，右主泡取擂棒，一起走出将茶具放在桌上。

三、赏茶

左右主泡相互示意，一起回后场，左主泡拿托盘（茶及佐料），右主泡拿茶壶，一起走出。主泡把茶壶放在桌上，之后左右主泡把六种佐料介绍给观众。

四、涤器

右主泡拿起擂棒交给左主泡，提起茶壶冲洗擂棒。

左主泡将擂棒交回给右主泡，并用毛巾将擂棒擦干。

右主泡将擂棒放回原处。

左主泡将擂钵拿起，轻轻晃动，把擂钵内的水倒入水盂，把擂钵放回原处。

五、置茶

左主泡将茶及佐料一一倒入擂钵之中，再用毛巾擦拭竹签，放回原处。

六、擂茶

右主泡拿起擂棒交给左主泡，右主泡手扶擂钵，左主泡手持擂棒（左手在上，右手在下），舂捣擂钵中的佐料。

邀请一位观众上台参与擂茶，进行互动。

七、冲泡

左主泡手扶擂钵，右主泡手拿茶壶往擂钵中注水。

八、分茶

左右主泡相互示意，左主泡回后场。

左主泡取托盘（六只瓷碗，一个大茶勺，瓷碗内放白糖）出场。

右主泡用茶勺将茶汤舀入瓷碗中。

九、奉茶

左右主泡相互点头示意，走向来宾敬茶。

十、收具

收具

第十章

茶席设计

茶席设计

一、茶席的基本定义

茶席，指的是以茶为灵魂，以茶具为主体，在特定的空间形态中，与其他艺术形式相结合，所共同完成的一个有独立主题的茶道艺术组合。

茶席中的茶具

茶席既是一种物质形态，同时又是艺术形态。茶席是静态的，茶席演示是动态的，静态的茶席只有通过动态的演示，动静相融，才能使茶的魅力和茶的精神得到完美的体现。

冲泡演示

二、茶席设计的基本构成要素

茶席设计在我们的社会生活中有着广泛的实用性和观赏性。茶席一般由茶品、茶具组合、插花、焚香、挂画、相关工艺品、茶果茶点、背景等物态形式构成其基本的要素，表现一个独立的主题。

茶品

茶，是茶席设计的灵魂，是茶席设计的基础。因茶，而有茶席；因茶，而有茶席设计。茶，在茶文化以及相关的艺术表现形式中，既是源头，又是目标。因茶而产生的设计理念，往往会构成茶席设计的主要线索。

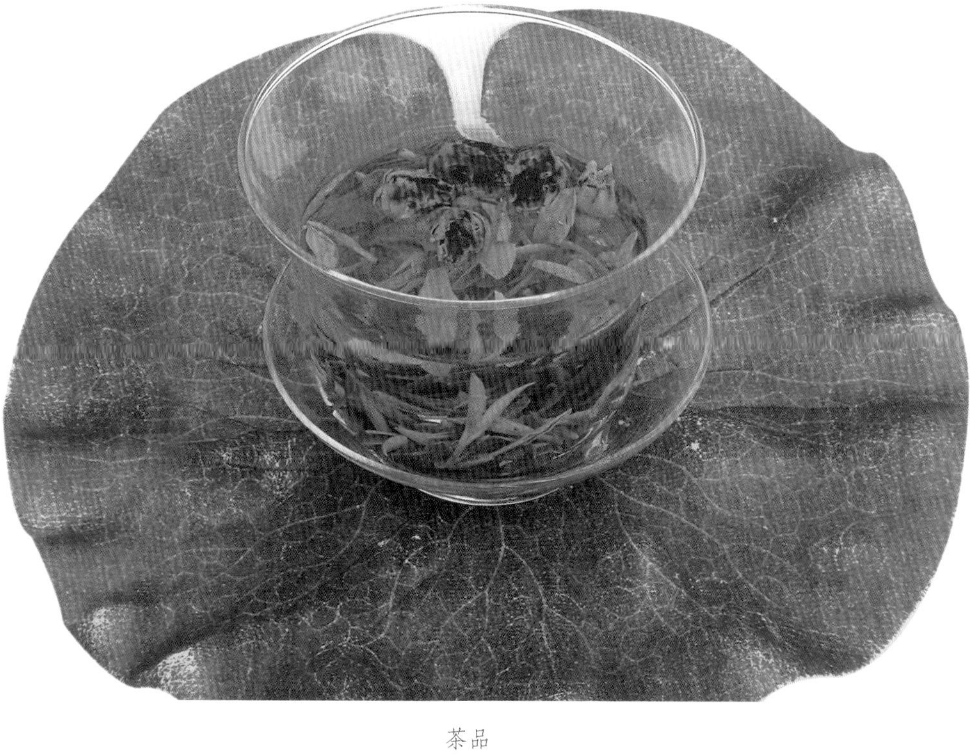
茶品

紫砂茶具组合

青瓷茶具组合

茶具组合

茶具组合是构成茶席的主体，也是茶席风格整体表现的重要组成部分。

茶具组合根据其功能，可分为泡茶（壶）、饮茶（杯、碗）、贮茶（罐、盒）和辅助用具（茶则、茶炉、茶船、茶荷）等；根据材质，则可分为陶瓷类、紫砂类、玻璃类、金属类和竹木类等。

茶具组合的基本特征是实用性和艺术性相融合。茶具组合的配置，既可按传统样式进行配置，也可创意配置。茶具组合的质地、造型、体积、色彩、内涵等方面，应作为茶席设计的重要部分加以考虑。

普洱茶席中的茶具组合

铺垫

铺垫，指的是茶席整体或局部物件摆放下的铺垫物。铺垫的质地、款式、大小、色彩、花纹的选择，应符合茶席设计的主题与立意要求。

铺垫的类型按质地分，主要可分为织品类和非织品类。织品类主要有棉布、麻布、化纤、蜡染、印花、毛织、织锦、绸缎、手工编织等；非织品类则主要有：竹编、草秆编、树叶铺、纸铺、石铺、瓷砖铺等。此外，还有不设铺垫，而以桌、台、几本身为铺垫。这样不铺的前提是桌、台、几本身的质地、色彩、形状具有某种质感和色感。看似不铺，其实也是一种铺。

铺垫的形状一般分为正方形、长方形、三角形、圆形、椭圆形、几何形和不确定形。

铺垫的基本色彩原则是：单色为上，碎花次之，繁花为下。单色最能适应器物的色彩变化，也绝不会夺器之美。碎花则包含纹饰，在茶席铺垫中，只要处理得当，一般也不会夺器。繁花在铺垫中一般不使用，但在某些特定的条件下选择繁花，往往会造成特别强烈的效果。

铺垫的方法有主要有平铺、对角铺、三角铺、叠铺、立体铺和帘下铺等。

单色铺垫

长方形麻布铺垫

不确定形铺垫

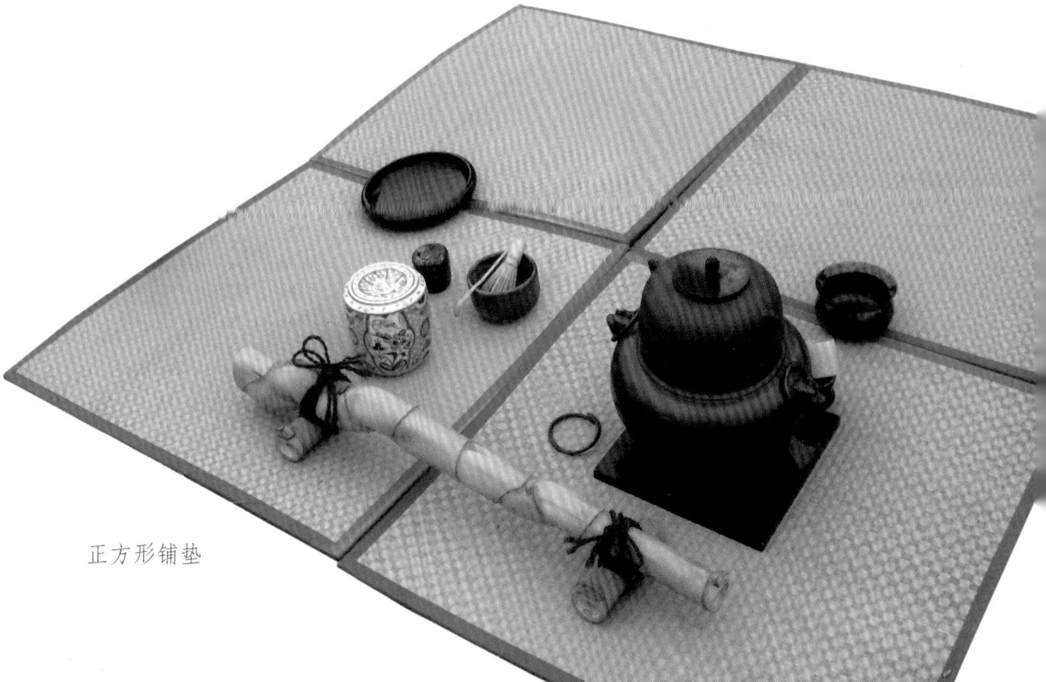

正方形铺垫

插花

插花是一门古老的艺术，通过对花卉摆放造型的设计，寄托了人们美好的情感和愿望。

插花，是指人们以鲜花、干花、人造花等为材料，通过艺术加工而完成的花卉再造形象。茶席中的插花，其基本特征是简洁、淡雅、小巧、精致。

插花根据所用花材的不同分为鲜花插花、干花插花、人造花插花和混合式插花；按插花器皿和组合方式又可分瓶式插花、盆式插花、盆景式插花、盆艺插花。

插花时要注重虚实相宜、疏密有致、上轻下重、上散下聚等几项基本原则。

茶席中的插花艺术

茶席中的绿植点缀

鲜花插花

鲜花在茶席中的色彩点缀

鲜花在茶席中的色彩点缀

茶席中的插花艺术

焚香

茶席中的焚香不仅作为一种艺术形态融于整个茶席中，同时它美妙的气味弥漫于茶席四周的空间，使人在嗅觉上也获得舒适的感受。

香料的种类繁多，总体上分为熟香与生香，又称干香与湿香。熟香指的是成品香料。生香是指在茶席动态演示之前，临场进行香的制作（又称香道表演）所用的各类香料。而茶席中所使用的香料，一般以自然香料为主。例如，紫罗兰、丁香、茉莉等。

焚香的香炉种类十分繁多，香炉在茶席中的摆置，应把握不夺香、不戗风、不挡眼这三个原则。

香道与茶道的结合

挂画

茶席中的挂画，是指以挂轴的形式，悬挂在茶席背景中的书与画的统称。茶席挂轴的内容，可以是字，也可以是画，一般以字为多，也可字画结合，通常表达某种人生境界、处世态度和生活情趣。

茶席设计中的挂画

相关工艺品

相关工艺品范围很广，只要能表现茶席的主题，都可以配合利用。在茶席的布局中，可由设计者作任何位置的调整，最终达到满意的设计效果。相关工艺品不仅有效地陪衬、烘托茶席的主题，还能在一定的条件下，对茶席的主题起到深化的作用。

茶席中的工艺品

唐卡在藏茶席中的应用

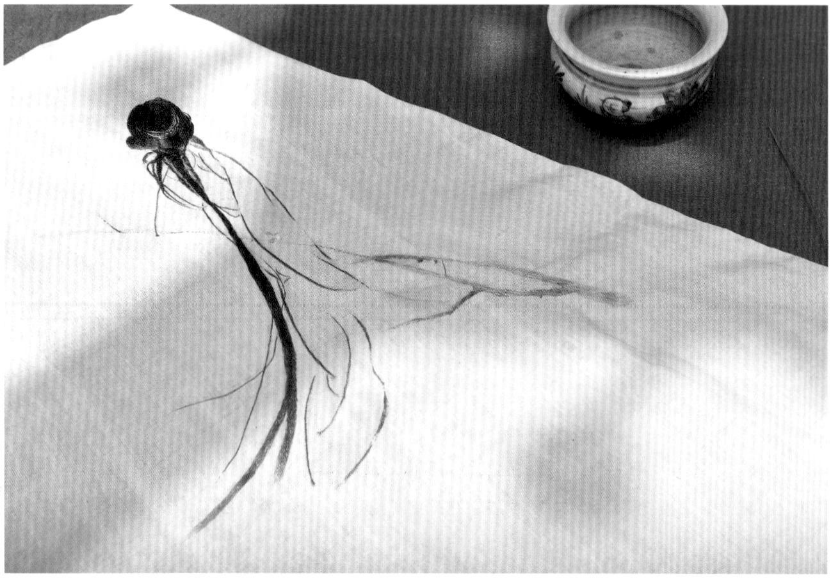

杭派刺绣精品在茶席中的应用

老绣片在云南普洱茶席中的应用

古陶俑在明代复古茶席中的应用

茶席中的工艺品

茶果茶点

茶果茶点，在茶席中它的主要特征为：分量少，体积小，制作精细，样式清雅。

茶点茶果一般摆置在茶席的前中位或前边位。只要巧妙地配置与摆放，茶点茶果也可以成为茶席中的一道独特风景。

茶点

背景

茶席的背景是指为获得某种视觉效果，设在茶席之后的艺术物态方式。

茶席背景按照空间划分，主要可分为室外和室内两种形式。室外现成背景形式有：以树木为背景，以假山为背景，以街头屋前为背景，以自然景物为背景等。室内现成背景形式有：以屏风作背景，以舞台作背景，以装饰墙面作背景，以会议室主席台为背景，还可在室内创造背景。

以屏风作背景

三、茶席设计的一般结构方式

中心结构式

中心结构式的核心，往往都是以主器物的位置来体现。中心结构式的茶席还必须做到大与小、上与下、高与低、多与少、远与近、前与后、左与右的比例相互关照，和谐相处。

中心结构式茶席设计

中心结构式茶席设计

中心结构式茶席设计

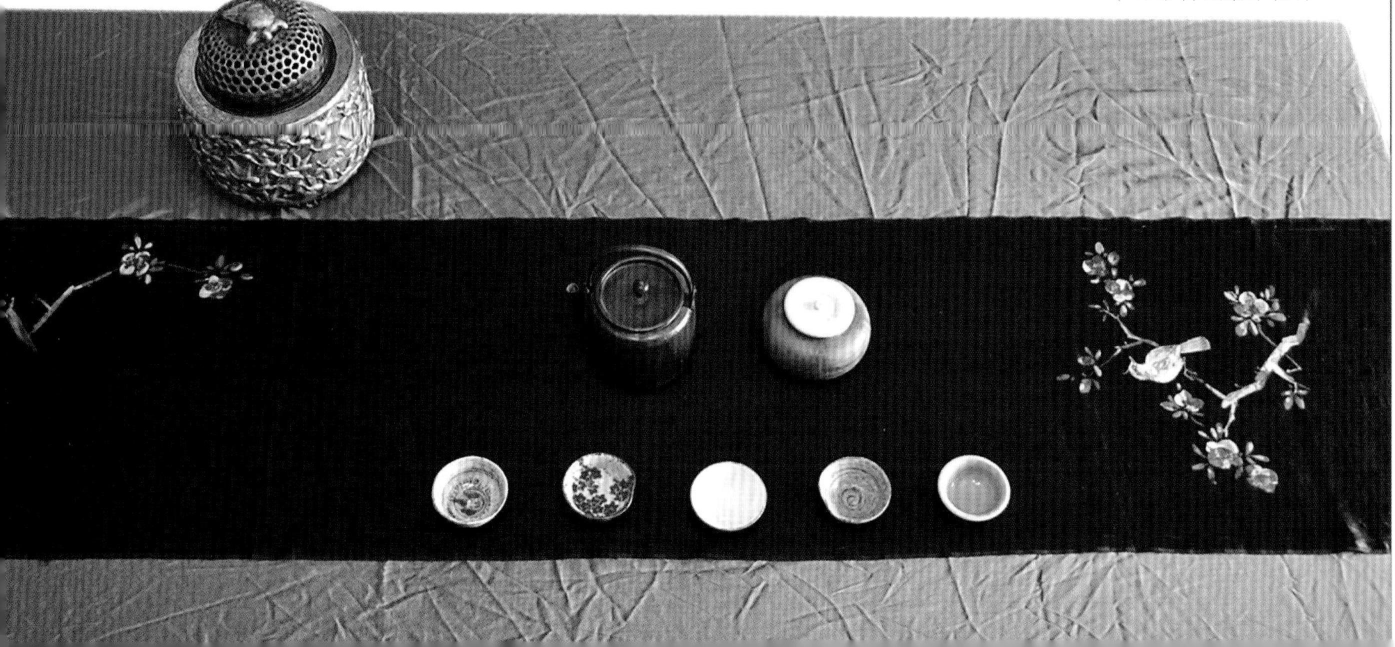

多元结构式

多元结构式的茶席，形态自由，不受任何束缚，可在各个具体结构形态中自行确定其各部位组合的结构核心。多元结构的一般代表形式有：流线式，散落式，桌、地面组合式，器物反传统式，主体淹没式等。

多元结构式茶席设计

多元结构式茶席设计

四、茶席鉴赏

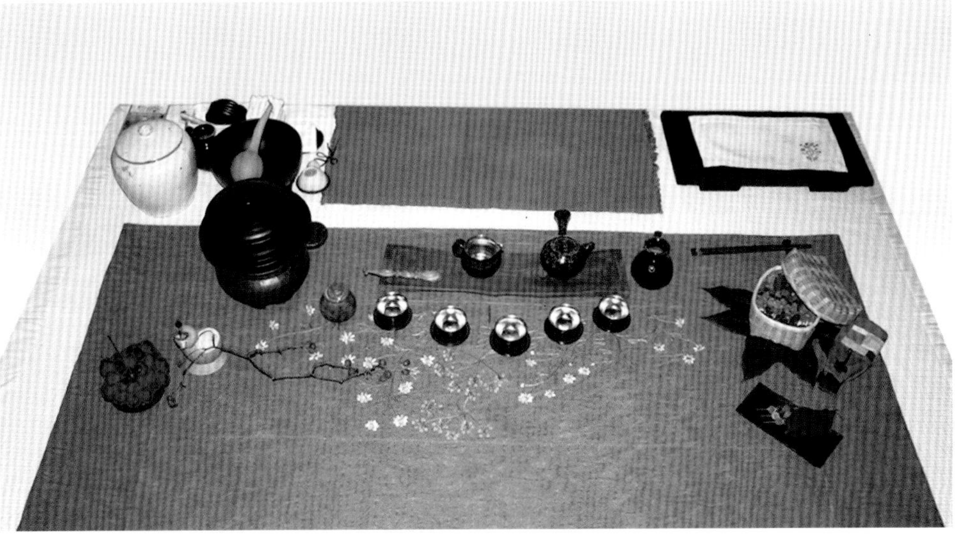

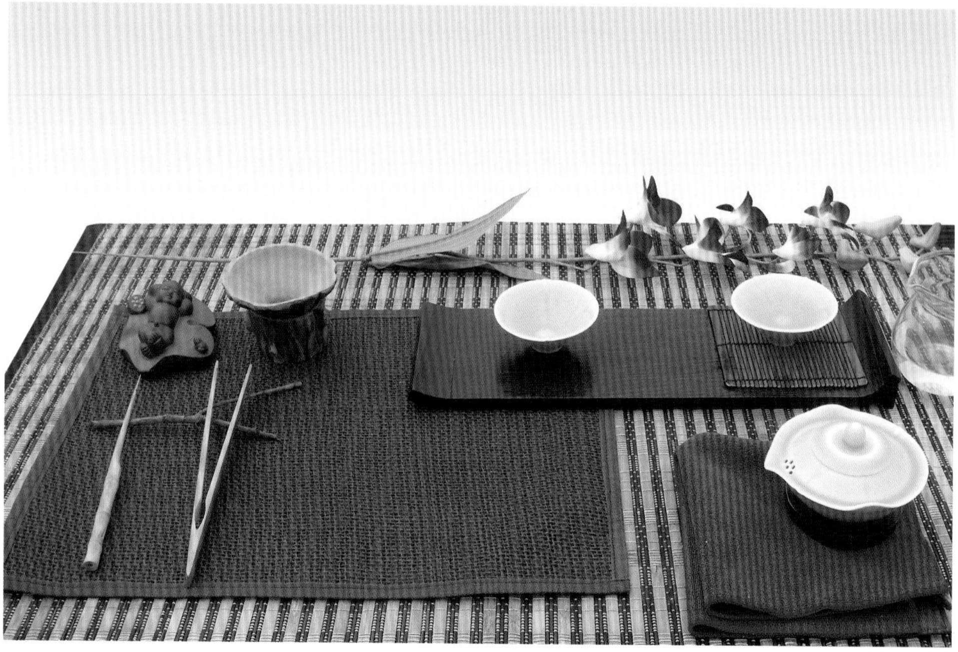

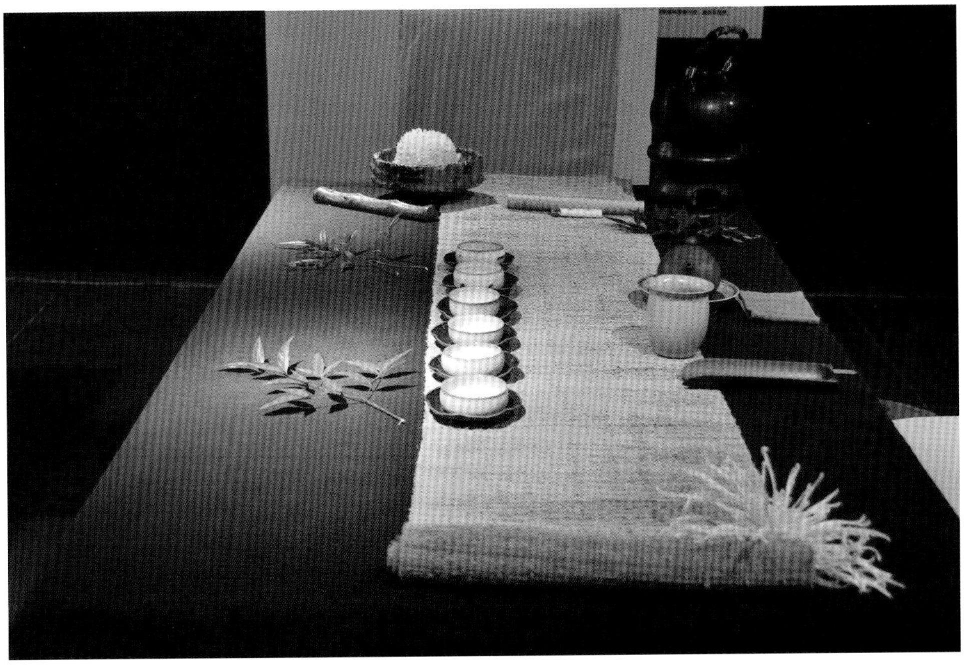

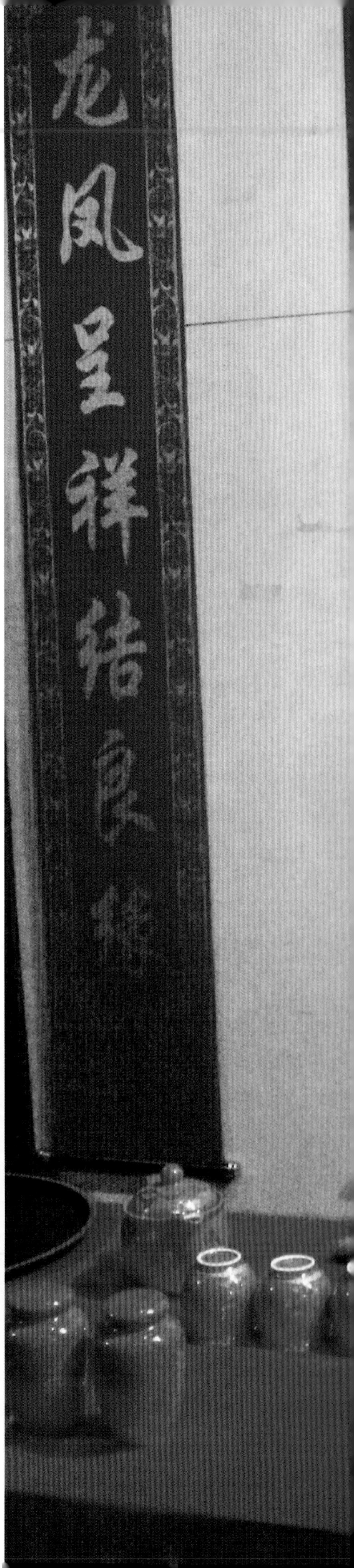
龙凤呈祥结良

囍
鸯福禄配佳偶

责任编辑：薛　蔚
特约编辑：张德强
装帧设计：薛　蔚
责任校对：朱晓波
责任印制：朱圣学

图书在版编目（ＣＩＰ）数据

中国茶艺图解：琴韵茶烟共此时 / 周文劲，乐素娜著. —杭州：浙江摄影出版社，2012.8

ISBN 978-7-5514-0178-4

Ⅰ. ①中… Ⅱ. ①周… ②乐… Ⅲ. ①茶—文化—中国—图解 Ⅳ. ①TS971-64

中国版本图书馆CIP数据核字（2012）第170593号

中国茶艺图解

——琴韵茶烟共此时

周文劲　乐素娜　著

全国百佳图书出版单位
浙江摄影出版社出版发行
地址：杭州市体育场路347号
邮编：310006
网址：www.photo.zjcb.com
电话：0571-85170300-61010　0571-85151225
制版：浙江新华图文制作有限公司
印刷：浙江海虹彩色印务有限公司
开本：889×1194　1/16
印张：8.75
2012年8月第1版　　2012年8月第1次印刷
ISBN 978-7-5514-0178-4
定价：48.00元